行动力

破局与成长的决定力量

李晖 \ 著

时事出版社
·北京·

图书在版编目（CIP）数据

行动力：破局与成长的决定力量/李晖著．

北京：时事出版社，2025.8 -- ISBN 978-7-5195-0654-4

I. B842.6-49

中国国家版本馆 CIP 数据核字第 202516JH74 号

出 版 发 行	时事出版社
地　　　址	北京市海淀区彰化路 138 号西荣阁 B 座 G2 层
邮　　　编	100097
发 行 热 线	（010）88869831　88869832
传　　　真	（010）88869875
电 子 邮 箱	shishichubanshe@sina.com
印　　　刷	河北省三河市天润建兴印务有限公司

开本：670×960　1/16　印张：15　字数：102 千字
2025 年 8 月第 1 版　2025 年 8 月第 1 次印刷
定价：56.00 元
（如有印装质量问题，请与本社发行部联系调换）

前　言

"想都是问题，做才是答案"，这句话非常有智慧。当我们被焦虑和内耗所困扰时，行动就是治愈其的良方，努力去做就是一种极其有效的应对方式。

焦虑和内耗常常源于对未来的不确定、对自身能力的怀疑以及对过去错误的反复纠结。然而，仅仅停留在这种负面的情绪和思维中，只会让我们越陷越深、无法自拔。

当我们选择努力去做时，注意力就会从那些虚无缥缈的担忧和自我否定中转移出来，专注于具体的行动和任务。在这个过程中，焦虑感会逐渐减轻，因为我们的精力被有效地利用起来，而且随着行动的推进，我们会获得一种掌控感和成就感，从而增强自信心，进一步缓解焦虑和内耗。

努力去做还能够让我们在实践中发现问题、解决问题，积累经验和能力。即使一开始可能会遇到挫折和困难，但每一次的尝试和努力都是成长的机会，让我们更加清楚自己的优势和不足，为未来的发展打下基础。

总之，当陷入焦虑和内耗时，不要让自己卷入消极的情绪漩涡，而要积极地投入实际行动中，通过努力去改变现状，战胜内心的困扰，迎接更好的自己。

目录

Contents

第一章
所谓成长，就是越来越能接受自己本来的样子

003 / 愿我们都能带着微笑前行

008 / 为之奋斗，便不会抱憾终身

012 / 为自己的心灵立个坐标

第二章
用抱怨的时间，做该做的事情

021 / 对自己的宽恕，是对人生的救赎

028 / 面对痛苦不抱怨，不逃避

002　行动力：破局与成长的决定力量

第三章
与犹豫相比，出发永远是最正确的选择

039　/　受过伤，尝过苦，领悟的才是人生

043　/　成功的人生需要你果断抉择，努力坚持

第四章
忘记喧嚣，找到自己内心的节奏

051　/　理解世界的本来面目，并依旧热爱它

057　/　要替别人着想，但为自己而活

065　/　凡是你想控制的，其实都控制了你

第五章
走出舒适区，遇见更好的自己

075　/　舒适区只是暂时的避风港

080　/　打破舒适区，迎来破茧新生

第六章
心静者胜出，专注者无敌

089 / 要想成功，先得学会蛰伏

094 / 在安静与专注中获得成长

第七章
认真生活，是对自己最好的态度

101 / 在最需要奋斗的年华里勇敢前行

105 / 不能靠心情活着，而要靠心态去生活

113 / 成年并不等于成熟

第八章
梦想实现不容易，但我们仍要全力追逐

125 / 小道理可说，大道理沉默

132 / 要学会适当的孤独

136 / 梦想留给有勇气的人

行动力：破局与成长的决定力量

第九章
现实不可怕，只要自己足够强大

147 / 越温柔，越坚强

152 / 向外求胜，不如向内求安

160 / 飞过沧海的，不是蝴蝶而是雄鹰

第十章
别人轨道上的火车，永远去不了你想去的地方

169 / 不靠别人的脑子思考自己的人生

178 / 方向不对，努力白费

183 / 以平静的心，对待你认为的不公

第十一章
越努力越幸运，时间可以幻化为天分

193 / 不必羡慕别人的幸福，你没有的，可能正在来的路上

200 / 时光磨去狂妄，磨出温润

206 / 做欲望的主人，而不是欲望的奴隶

第十二章
做喜欢的事，成为最好的自己

213 / 把自己开成花，你就走进了春天

218 / 不要在该奋斗的年纪选择了安逸

222 / 世界的每个角落都有人在奋斗

第一章

所谓成长,
就是越来越能接受自己本来的样子

愿我们都能带着微笑前行

生活是一面镜子，如果你对着它哭泣，它便泪雨纷纷；如果你对着它微笑，它便春花开遍。

微笑是一粒充满力量的种子，当它撒在我们的脸上，全身的忧愁都将一扫而空。有人大喊着"我要快乐"，却怎么也快乐不起来；也有人无欲无求，每天却都笑容满面。微笑是从灵魂里散发出来的味道，是恬淡、是美好，不是刻意的强颜欢笑。

就像我们试图在镜头下展现美好，带着美好的憧憬，一切也会向着好的方向去前进。我们都愿意看见一个达观开朗的你，一个笑声朗朗的你。当你敞开了心扉，阳光也将扑面而来。

前不久流行一种"美人鉴定法"，即用食指连接下巴和鼻尖，如果食指碰不到嘴唇，就证明她是个标致美人，如果碰到嘴唇则反之。有人发现，如果直接测量，自己的手指会碰到嘴唇，但是如果面带微笑，就不会碰到。

或许，这也说明了微笑能使人美丽的道理。

我曾只身在海外游走，有很多语言不通的时候。不过，微笑是世界通用的语言，纵然我们来自天南海北，纵然我们拥有着不同的国别与肤色，只要微微一笑，所有的距离感便都不复存在，虽是初见，却像是久别重逢。

微笑不仅仅是一种表情，更是一种态度，一种对待生活与生命的态度。

一次，我在玩蹦极的时候遇到一位年逾古稀的老先生。老先生非要尝试一次蹦极，但是工作人员不允许，一群游客哄笑不止。老先生倒不介意，慢条斯理地向工作人员解释："我就是想趁自己还走得动的时候感受一下，放心吧，所有后果我自己承担。"不过，工作人员担心出意外，终究没有答应这位老先生的请求。

虽然如此，我还是对那位老先生钦佩不已。或许年龄会影响你的身体，但是心态决定了你的年龄。拥有达观的生活态度，如同点亮了一盏心灯，在温暖自己的同时，也照亮了别人。

不嫉妒、不谄媚、不攀比、不卑微，将所有的美好，倾注于每一刻光阴，用一朵花开的时间，拂去心尘，淡然微笑。

愿你拥有一颗云水禅心，在时光的罅隙里听风声、看雨落，守望岁月的晴光。

有一次我在拥挤的公交车上不小心踩到了一个人的脚，赶紧连声道歉，那个女孩子什么都没说，只是冲我笑了一下，我也赶紧回以微笑。

在那以后，我们又遇见过几次，每一次都是互相报以微笑。我想，一个笑容，已经胜过千言万语。我不知道她的名字，不知道她住在哪里，不了解她的任何情况，但是微笑却让我们不再陌生，已经于无声中建立了友情。

后来在一个景区门口检票的时候，我又遇见了她。看到她在我前面，我情不自禁地打了声招呼，但是她似乎没有听见。她手里拿着一个证件，给检票人员看了一眼，就进去了。

我非常惊讶，不知道什么证件可以不买票就进入景区，便赶紧检了票跟过去。在她收起那个证件的前一秒，我赫然发现，那竟然是残疾人证。

后来我知道，那个女孩子是聋哑人。回想起每次见到她的情景，回想起那些无声的微笑，我不禁有些心疼，但更多的则是敬佩。多少身体健全的人，整天抱怨这抱怨那，怪上天的不公，怪社会的复杂，却不知道，那些比他们还不幸的人正微笑着面对人生，一步一个脚印地追逐着心中的梦想。

在浩瀚的命运长河里，你冷漠冰冷地前行，必将举步维艰，但是，如果你愿意温暖一些，生活的坚冰必将化作十里春风。做一个温暖的人，有傲骨但绝不傲气，有智慧但绝不奸猾，有质朴但绝不愚昧。

当你微笑着看这世界时,世界也将微笑着看你。愿你从内心开出优雅的花,做一个恬静的人,用灵魂的香气,熏染出生命的芬芳。

为之奋斗，便不会抱憾终身

多少梦中的憧憬，指引着现实中跌跌撞撞的青春。你不断地努力，点燃了梧桐枝头的火焰，瞬息照彻生命，照彻寰宇。天总会亮，眼泪总会干，愿你能把最痛苦的时光熬成最美好的回忆，一路笑着前行。

千里之行，始于足下。真正的成功经得起时间与空间的考验。我们承认秦皇汉武的丰功伟绩，因为他们为泱泱华夏作出了巨大的贡献。我们承认四大名著不朽的文学价值，因为在漫长的历史长河中，经过大浪淘沙的洗礼，它们已经是公认的文化瑰宝，无关时间，无关空间。

公司新来了职员 A。小姑娘长得很漂亮，看起来非常秀气，和我们说话也是甜甜的。然而没几天，我们就发现，这个漂亮的"公主"实在不适合工作。

她的一些习惯让我们咋舌不已。在她的办公桌柜子里，除了大量的零食外，每天还会换着样地放上好几套衣服，每一套都价值不菲。几乎每一天，她都要换2~4套衣服。除了衣服，大量的奢侈化妆品也被搬到了办公桌上。

每个人都有自己的生活习惯，我们当然没有资格去干涉。只不过，在公司里如此大张旗鼓地表现出自己与众不同的习惯，总让人感觉怪怪的。她常常会问我们一些问题，比如打印机如何操作，怎么在Excel表格里自动求和，PPT里怎么插入背景音乐……

问问题不重要，重要的是，她每天问我们的，常常是已经问过好几遍的问题。我们简直要怀疑，她是怎么通过面试应聘上这个职位的。后来才知道，原来这个娇贵的"公主"是某领导的千金。

后来，那个女孩子被调到了其他部门，不知道情况有没有改善一些。

总有人轻而易举地跃进了龙门，但是却无法承受龙门中汹涌的波涛与风浪。世界是公平的，每一个成功的人，都要经历火海刀山的磨砺，才能坦然面对成功之巅的雨雪风霜。

当然，不要因为你看到这个世界的一时不公，就否定了它的全部。

真实的生活从来不会像童话故事里描绘的那样简单，但请你记住，它也并非黑暗得不可救药。真实的生活是由苦辣酸甜的味道组合而成的，因为尝过苦涩的难过，所以才更加珍惜甜蜜的快乐。

现实生活里没有人可以永远安乐享受。生于忧患，死于安乐，不要被物质上的享受蒙蔽了双眼，在滋生懒惰的温床上止步不前。

现实生活里不会有天上掉馅饼的好事，但这并不代表馅饼不存在。馅饼的确是在天上，但不会自己掉下来，它需要我们一步一步历练自己，磨砺自己的翅膀，在自己足够强大的时候，就可以一飞冲天将馅饼摘下来。

我们不能迷信童话的完美无瑕，但是也不要将这个世界全盘否定，一切都掌握在自己手中。命运没有天生之说，只要你愿意相信自己是最优秀的，你就会成为那个最优秀的人。

为自己的心灵立个坐标

时间的长河推动着成长的小舟，无论愿不愿意，我们都只能向前。花落花又开，虽然看起来与去年无异，但是花知道，它已经不再是曾经的自己。

在这人生的长河里，我们不停地得到，也不停地失去。有人说，所谓成长，就是变成自己曾经最讨厌的那种人。其实，真正的成长，不是千辛万苦地把自己变成什么样的人，而是在历经人世浮沉后，依然记得自己的初心。

所幸，我没有变成自己曾经最讨厌的那种人。在熙熙攘攘的烟火人间，我微笑着看这世上的聚与散，从容地书写属于自己的离与合。不羡慕、不抱怨，可以在风雨里坦然奔跑，也可以在阳光下淡然起舞。

我听见有人哭着说，这社会太复杂。

事实上，复杂的不是社会，而是人。

人与人之间，总是存在着一种很微妙的关系。当我们山长水阔地分离时，总是饱受铭心刻骨的思念的折磨，而真正朝夕相伴时，又常常吵得不可开交。细细想来，生活中人与人之间的和谐都建立在恰当的交往距离之上，而人与人之间的某些冲突往往是从不恰当的距离开始的。

在寒冷的冬天，身上长着锋利棘刺的豪猪会挤在一起取暖。但是，如果它们靠得太近，就会被对方的棘刺刺伤；如果距离太远，又达不到取暖的效果。于是，两只豪猪总是要经过无数次的靠近与分开，才能找到一个既不伤害对方又能互相取暖的最佳距离。

人与人之间，也同样如此。

那个最佳距离总是要经过不断地尝试才能找到，就像在生活中，我们总是在受伤后才真正领悟其中的真谛。对待事业、对待感情、对待人生，这个过程总是不可避免的。

生活中，我们无时无刻不在寻找着最佳距离。有些人因为害怕受伤，宁愿永远孤孤单单，就像害怕风雨而拒绝出门，但也因此拒绝了所有的阳光，终日郁郁寡欢，与快乐无缘。

现实中没有通往幸福的南瓜马车，也没有从天而降的水晶鞋。只有你的双手与双脚是最实际的。生活需要你一步一个脚印地去尝试、去实践，没有人可以一辈子躺在自以为是的井底，永远做一只观天的青蛙。

多年前的中学时代，我还整日为数理化而头疼不已。每天，我都要在漫无边际的题海中奋战，喘不过气来。虽然老师们也想让我们放松一下，但是想到成绩，总是咬咬牙，又拼命地给我们布置一套又一套练习题。

后来，学校里来了一位新老师，大概是大学刚毕业，颇有抱负，讲起课来也是意气风发的。他与其他的老师都不同，对题海战嗤之以鼻，除了在课堂上给我们讲几道例题外，几乎从不让我们做题，大多时候都是以发散思维激发学生们的学习兴趣。一个学期下来，那位老师和我们成了最好的朋友，但是他所教的班级却是整个年级组中成绩最低的。

现实与理想看起来只有一步之遥，实际上却隔着千万重迷障。读大学后，我听学妹说起那位老师，对他的评价居然是"留题大王"，我不禁讶然。起初我格外震惊和怀疑，但是平静下来就明白了其中的缘由，"理想很丰满，现实很骨感"。

在现实与理想之间，我们必须保持一个乐观而不盲目的态度，才能循序渐进地向理想出发。每个人都应该有一个对自己心灵定位的坐标，只有依据这个坐标前行，才不会迷失方向。

有人笃信，要想成功，就必须坚持"脸皮要厚、心要黑"。或许，这种做法会带来一时的成功，但绝不会拥有一世的光荣，是一种杀鸡取卵的行为。

人生如同某种竹子的生长。这种竹子用四年的时间，仅仅长高3厘米，但是到了第五年，竹子能以每天30厘米的速度疯狂生长，仅仅用六周时间就能长高十几米。

这种竹子之所以能在第五年迅速生长起来，是因为在之前的四年里，它已经把根须深深地扎进土壤里，为第五年的生长积累了足够的养分。凭着这一份坚韧不拔，它默默地熬过了那漫长而平凡的3厘米岁月，才最终屹立于天地之间，不畏风雨，不惧酷暑严寒。

只是，在人生的旅程中，能够像竹子那样默默坚守3厘米平凡岁月的人并不多。对成功的急切渴望，往往淹没了人们的耐力。因为无法坚守最枯燥的平凡，所以在成功到来之前，那些意志力薄弱的人往往已经选择了放弃。

因为忍受过常人所无法想象的艰难，所以才能达到别人无法企及的成功。没有人可以随随便便成功，童话只存在于虚幻的世界，在我们的生活中，一切都是现实的。就像那小小的竹子，如果它在那平凡的四年里选择了放弃，也就没有第五年的飞速生长了。

只要是生长在自然界中的植物，在接受阳光普照的同时，避免不了被风吹雨打。只有坚韧不拔，才能立根于大地，不为风雨折腰。

真正的正义是经得起考验的。就像那些牺牲于敌人枪口下的革命烈士，无论敌人用怎样卑劣的手段来使他们屈服，他们始终坚守着心中的信仰，毫不畏惧，从容赴死。

无论面对怎样的境遇，我们都要心怀美好，相信希望就在前方。每一份成功都是来之不易的，只有脚踏实地地去做，才能实现心中的愿望。

用抱怨的时间，做该做的事情

对自己的宽恕，是对人生的救赎

在我们的人生中，总是会遇到一些不可预知的困难与障碍。谁也不知道，下一秒会发生什么，会遇到什么人。面对变化走出思维的牛角尖，是对自己的宽恕，也是对人生的救赎。

人生不如意之事十之八九。考试的失利、朋友的背叛、爱情的失败，抑或钱财的失窃，这些不如意的事情就像一个个噩梦，让人头疼不已。在面对这些不如意的事情时，有人深陷痛苦与悔恨的深渊中，长时间抱怨命运的不公；也有人淡然处之，忍着痛，咬着牙，从不向人暴露自己的伤口，痛定思痛，勇敢地继续前行。

古希腊哲学家赫拉克利特曾说："人不能两次踏进同一

条河流。"不如意的事情本身并不可怕，可怕的是自己将痛苦无限放大，让失败重演。总有人死死地执着于已经失去的东西，比如与心爱的人分手，结果很长时间都郁郁寡欢，整个人变得落寞沮丧。每天沉浸在对过去的回忆中，而越是拼命回忆，便越是痛苦不堪。那份执着如同淬毒的匕首，将他的快乐与幸福完全割离。泰戈尔曾说："如果你因错过太阳而流泪，那么你也将错过群星。"

其实，你能找到理由让自己难过，就一定能找到理由让自己快乐。很多人所承受的痛苦，都是自己给的。因为过于执着，痛苦被放大了无数倍，以至于最后所痛苦的已经不是事情的本身，而是自己的内心。所谓"情深不寿，慧极必伤"也是这样的道理。

很多东西都会习惯成自然，痛苦也是一样。如果你每天保持快乐的心情，那么快乐就会成为一种习惯。如果你每天将痛苦悬于心际，那么痛苦便会成为一种巨大的负累，摆脱不掉。

这样折磨自己，又是何苦呢？

有人把自己锁在痛苦的枷锁里，对过去的种种伤痛无法释怀。不知今夕是何夕，让更多的时光染上痛苦的颜色，真的值得吗？与其躲在一个人的灰色世界里悼念过去，不如走出来，伸出双手迎接更美好的明天。

痛苦会给人带来很多负面的影响。最直接的，或许就是心情的抑郁。这种抑郁会积压在心里，如同千斤巨石，让人无法喘息。人的双眼所看到的世界，其实也是自己的内心世界。当你心怀美好时，看到的便是阳光灿烂的世界；当你郁郁寡欢时，看到的就是晦暗忧郁的世界。常言道"笑一笑，十年少；愁一愁，白了头"，如果心灵长时间遭受这种折磨，原本应该美好快乐的生活也会变得糟糕。

除了精神上的影响，痛苦也是身体上许多疾病的根源。当你沉浸在痛苦中不能自拔时，身体的免疫力也在悄然降低。在经济飞速发展的今天，患抑郁症的人越来越多。除了社会的快节奏，精神上的超强负荷也是重要的诱因。

其实，很多事情，只要你看开了，它对你的威胁也就自动解除了。

每一个人都应该做精神的主人，而不应该成为灵魂的奴隶。我常常听到别人说这样的话："那件事给我留下了巨大的阴影，我这辈子都不会忘记。"其实，巨大的阴影并不可怕，可怕的是你一辈子都为那一件事而耿耿于怀，走不出来。

有一次，我出门的时候忘记了关窗，回家时发现屋子里飞进来一只小麻雀。那只小麻雀不停地用头使劲地撞玻璃窗，整块玻璃都被撞得乒乒乓乓地响。我能看出，小家伙已经使出了最大的力气，但无论它如何努力，结果还是无法穿破玻璃，飞到它明明看在眼里的天空去。

其实，只要小麻雀转个弯，旁边就是开着的窗户。

生活中，很多人都犯了和那只小麻雀一样的错误。我们不仅要努力地往前走，要坚持，要勇敢，而且在前进的路上，不能一味地执着于自己最初的选择而不知道变通。

世间的一切都是在不停地变化着的。整个世界都在变化，我们又有什么理由墨守成规呢？

走出思维定式的桎梏，是对自己的宽恕，也是对人生的救赎。

我们都知道郑人买履的故事。这个郑国人只相信预先量好的尺码，连用来穿鞋的脚都不肯相信，可见其固执到了极点。人们常常把郑人买履当成一个笑话来听，却没有意识到，很多时候，我们自己也常常会上演"郑人买履"的故事。

早在小学时代，老师就经常告诉我们：一定要活学活用，不要死记硬背。论起道理，每个人都知道得不少，只是做起来就比较困难了。就像上学时，我们早已将数学公式背得滚瓜烂熟，但是做题时从来想不起用什么公式，直到有人点醒，才恍然大悟。

我曾看过这样一道测试题，如果是你，你会怎么选呢？

在一个雨天，你开着车同时遇见了三个人：一个是你的梦中情人，一个是情况非常危急的病人，一个是曾经有恩于你的医生，而你的车除了司机外，只能载一个人。这时候，你会怎么做？

面对这个问题，很多人展开了激烈的思想斗争。选择梦中情人，那个危在旦夕的病人怎么办？选择病人，那医生会不会觉得我忘恩负义？选择医生，那这一生也许只出现一次的梦中情人可能就再也不会理我……

这似乎成了一个死循环。

其实，只要转动脑筋，就会找到另一条出路。

最合适的方案是：把车钥匙给医生，让他带着病人离开，自己则留下来，陪着梦中情人一起等车。

人世间的一切事物都是多面的。只是，我们常常站在一个角度，只看到了事物的一个方面，就像盲人摸象一般，摸到了耳朵就说是蒲扇，摸到了象腿就说是柱子。有些问题，如果你换一个角度，就会看到不一样的景象。

爱钻牛角尖的人常常不愿承认自己的错误。有时候就算心里明知道自己已经错了，但是碍于面子，还是羞于承认。

人生在世，有谁能保证永远不会犯错呢？而有一些错误并非十恶不赦、无可救药。人生中最大的错误往往不是错误本身，而是将错就错、错上加错。

犯错误是痛苦的，承认错误更需要勇气。有人往往因为不愿接受这种痛苦，所以选择逃避，不去承认错误，反而故意把错误的当成正确的。人非圣贤，孰能无过？过而改之，善莫大焉。只有懂得承认错误的人，才能更好地走向成功。当你的生命之舟偏离了正确的航道，只有勇敢、及时地修正方向，才能避免误入歧途。

总有人呼天抢地地悲泣：我已经走到了山穷水尽的地步了，彻底绝望了。其实，只要让思维转个弯，就会惊喜地发现"柳暗花明又一村"。不要让思维的固定模式成为思考的枷锁，走出思维的牛角尖，你会看到别样的精彩风光。

面对痛苦不抱怨，不逃避

在生命的某个渡口，总有一些不曾预料的伤害或痛苦等待你。我们无法料到那些伤害会在哪里从天而降，所能做的，只有在伤害降临时保护好自己。

在这个世界上，痛苦可以通过很多种方式出现在人们的生活里。不过从广义上来讲，主要是两个方面：第一，肢体上的创痛；第二，心灵上的痛苦。

肢体上的创痛，我们可以通过外在的医疗手段来解决，但是心灵上的痛苦，只能用精神的慰藉来为自己疗伤。很多时候，心灵上的痛苦，远比肢体上的创痛更让人难以忍受。面对残酷的现实，有人抱怨命运的不公，在人声鼎沸的地方大声尖叫，来博取别人的同情；也有人选择沉默，寻一个安静闲适的角落悄悄地为自己疗伤，不让别人知道，也不需要别人的怜悯与同情。

笑而不语是一种豁达，痛而不言是一种修养。我经常在微博和朋友圈里看到有人发"状态"："不小心把手擦破皮了，好痛啊！""削苹果削到手了，疼死了！""可恶的蚊子，在人家胳膊上咬了这么大的包！"……然后，还要配一张"血淋淋"的伤口图。

起初，我还常常看到大家的评论："怎么这么不小心？""注意点啊！""让人心疼！"……但是过了一段时间，我就很少看到这样的评论了。他们依然忘情地发着自己受伤的"状态"，感冒、打针，必须来一条"状态"向世界宣布一下自己又生病了。好像在他们的生活中，这种受伤成了一种常态，每一天的生活都是阴云密布。

当你受伤的时候，是第一时间处理伤口，还是先拍照发条"状态"呢？

其实，保护自己才是最重要的，何必揭开自己的伤口让别人欣赏？痛的只是自己，别人纵然同情，也无法代替你去痛苦。

你的哀告与抱怨，表面上得到的是同情，但实际上，在你不知道的地方，还隐藏着很多不为你所知的嘲笑与幸灾乐祸。就算有人表面上对你报以假惺惺的同情，心里可能在因你的受伤而高兴。

日本著名画家、诗人竹久梦二的《出帆》里有这样一段话：你是什么人便会遇上什么人，你是什么人便会选择什么人。总是挂在嘴上的人生，就是你的人生，人总是很容易被自己说出的话所催眠。我多怕你总是挂在嘴边的许多抱怨，将会成为你所有的人生。

伤害本身并不可怕，可怕的是你面对伤害的心态。很多人的失败，都不是被伤害打倒的，而是被自己的心态击败的。如果你相信幸福的力量，如果你的心里有一轮明媚的太阳，再大的风浪也无法撼动你坚毅的步伐。

喜欢向别人抱怨自己受伤的人，也更容易嫉妒别人的幸福。他们常常这样觉得：他有什么优点，有什么资格得到这些？其实，世界是一面镜子，你看到的状态，就是你内心的映射。

我们完全没有必要把关注的焦点放在别人身上，却忽略自己的生活。与其喋喋不休地抱怨，不如好好地审视自己，找出自己的症结所在，然后认真改正，避免以后再犯同样的错误，同时也避免了以后受到同样的伤害。

抱怨除了会消耗你的精力、腐蚀你对生活的热爱与耐心，便没有任何作用。抱怨从不会为谁指点迷津，也不会昭示成功的方向，更不会让痛苦减少半点半分，恰恰相反，它只会增加心灵的痛苦，让你越抱怨越觉得这痛苦如此强烈，然后越来越喜欢抱怨。

经常性地抱怨，会让你的生活形成一个恶性循环。日久天长，便会成为一种习惯，以至于你在抱怨，自己都不觉得。受伤之后，第一时间想到的不是如何疗伤，而是马上向别人抱怨。

你经常说什么样的话，就意味着你的人生将会是什么样的，因为说话的核心，就是你关注的焦点。如果你是一种抱怨的心态，那么生活就会在抱怨中周而复始的恶性循环；如果你是积极阳光的心态，那么人生将在明媚的岁月中起航扬帆，宏图大展。

当生活给予你责难的时候，请保持绅士的风度，不要为痛苦而抓狂，不要以为这样会得到别人的同情，那只会让别人感到滑稽可笑。总会有那么一些波折与伤害，是我们无可避免的。当我们不能预料危险会在哪里出现的时候，唯一能做的，就是武装好自己，这样才能在逆境里临危不惧，勇敢地与困难较量。

如果你是一个强者，偶尔的一次磨难则是一笔财富，它会激励着你勇往直前，更加坚定地追逐心中的梦想。但是，假如你是一个弱者，偶尔的一次磨难便是一次巨大的打击，会让你萎靡不振。

我们要做生活的强者，无论有多少艰难险阻，请保持乐观的心态。生活中的很多问题，如果你不去主动解决，那么长此以往，你本身就会成为一个巨大的问题。

乔治·费多年轻时立志要做一名出色的剧作家。这个梦想在他心中扎了根，再也放不下。然而，社会并不承认这个年轻人，他的作品始终得不到剧团的赏识，就连一些不知名的小剧场也不愿意排演他的剧本。

一次又一次的碰壁，给乔治·费多带来的不是沮丧与失望，而是更加热切的激励与希冀。他从不曾停下自己的脚步，只要有机会，就一定很努力地去推销自己的剧本。功夫不负有心人，终于有一家小剧场同意排演他的剧本。

然而，那时候的乔治·费多只是一个毫无名气的剧作者，观众对他是完全陌生的，他们没有表现出多大的兴趣，所幸门票价格低廉，才保证了一半以上的出座率。

然而，这不是成功的征兆，而是又一场失败的开始。演出开始后，观众对于糟糕的剧本与演员毫无表情的演出非常不满，演出到一半，喝倒彩的声音已经此起彼伏，甚至超过了舞台上演员的声音。

演出结束，观众们摇着头叫骂着离开。偌大的剧场里，只剩下乔治·费多一个人羞愧难当地瘫软在舞台上。

这种强烈的打击，很容易让一个人丧失信心，意志力薄弱的人，很可能就此放弃剧本创作，转投他行。但是乔治·费多并没有放弃。他快速地调整好自己的心态，从那场失败的阴影中走出来，开始了新的创作。

后来的乔治·费多成了法国著名的戏剧家，在全世界的戏剧圈子里也有着举足轻重的地位。他创作了大量叫好又卖座的滑稽戏剧，受到了人们的推崇。他的成功，正是建立在那些痛苦与失败的基础之上的。他后来创作的《马克西姆家的姑娘》在整个法国都引起了轰动。不过，即便是这部著名的剧作，在试演的时候也遭到了很多外界的讥讽。

那是在一个很小的剧院里，观众看着台上的演出，纷纷叫骂、喝倒彩。愤慨不已的乔治·费多干脆跑到观众最多、嘘声最大的地方也跟着喝起倒彩来。朋友发现了乔治·费多的失常，慌忙把他拉到一边问道："乔治，你疯了吗？"

乔治·费多微笑着说道："我没有疯，只有这样我才能最真实地听到别人的辱骂声，我才能坚定信心搞好创作，才能写出更好的剧本。"

生活中,有多少人敢于为自己喝倒彩?一个人,只有坦然接受了失败,才能毅然走向成功。很多人在逐梦的路上停滞不前,往往不是因为自己还不够努力,而是因为不肯接受自己的失败,不愿面对自身的缺点与问题,结果问题一点点扩大、蔓延,甚至长成思维的枷锁。

痛苦并不可怕,可怕的是没有面对与接受的勇气。有人喜欢在受伤后麻痹自己,总以为这样就能忘记痛苦,殊不知,就算你真的感觉不到那种疼痛了,但是伤口依然在流血。

保持一份宁静的心态,宠辱不惊,微笑着看人世间的风风雨雨。在困苦面前,我们无须抱怨,也无须逃避,只要勇敢一点、乐观一点,敢于直视问题的根源,就一定会走出困境,摆脱痛苦的侵扰。

这个世界里有繁花似锦,也有暴雨狂风。不要被短暂的、偶尔的晦暗蒙蔽了双眼,我们看到太阳的日子总比看见乌云的日子要多很多。生活里,我们无须抱怨,因为在问题面前，抱怨永远是最无济于事的。给心情一片晴天，也是给未来一个希望。擦干眼泪，走出那个灰色的小屋，你会看到不一样的蓝天，会看到这个世界依然花开绚烂。

第三章

与犹豫相比，
　出发永远是最正确的选择

受过伤，尝过苦，领悟的才是人生

少年不识愁滋味，却最喜欢谈人生。随着岁月流逝才慢慢懂得，人生总要迈过一些沟坎，经历一些遗憾，领悟一些迷茫，才能参透一二。

数十载光阴，便是一辈子。青春义气，像是最美好的绝版电影，老了回忆起来，是沉甸甸的财富。那时候总觉得世界尽在脚下，没有什么解决不了的困难，没有什么征服不了的高峰。未来，就是心里振聋发聩的年轻宣言。

脚下没有白走的路，被现实磨去棱角，开始学会用心如止水掩饰波澜壮阔，开始明白生命的本质注定是有缺憾的，方才摸到了领悟人生的一点边角。

22岁的晓妍，怀揣着对广告行业的无限憧憬，从家乡小城来到了繁华的大都市。初入职场，她满以为凭借自己在学校里的优异成绩和出色创意，能迅速崭露头角。

进入一家知名广告公司后，晓妍被分配到一个重要项目。她日夜钻研，精心打磨每一个细节，本以为方案会顺利通过，却在提案时被客户批评得一无是处。同事们的抱怨、领导的失望，让她陷入自我怀疑的深渊。

不久后，晓妍相恋三年的男友提出分手。在这座陌生的城市里，爱情曾是她温暖的港湾，如今却只剩下她孤身一人，内心的痛苦和无助如潮水般涌来。

双重打击之下，晓妍一蹶不振，甚至开始怀疑自己当初来到大城市的选择是否正确。偶然间，她读到一句话："人生就像一场旅程，不完满才是常态。"她开始反思，意识到一次方案的失败不代表永远的失败，一段感情的结束也并非世界末日。

晓妍重新振作起来，虚心向同事和前辈请教，不断提升自己的专业能力。在后续的项目中，她凭借出色表现赢得了客户的认可。她也逐渐明白，爱情的离去让她学会了独立和自爱。曾经那些坎坷，让她领悟到人生不会总是一帆风顺，正是这些不完满，构成了人生的丰富与真实，也让她变得更加成熟和坚韧。

我的朋友小茹多才多艺，漂亮能干。毕业三年，她通过自己的努力，成为公司的中层，并且是中层中年龄最小且薪资最高的那一个。

她说，很多人都在质疑她凭什么，所以她更要加倍努力，证明自己。

事情并不总会按照剧本进行，努力也并不一定会换来好的结果。因为不成熟地处理了一位员工的离职，让这位员工钻了空子，撺掇所有的客户都来闹事。公司发生了史上最大规模的投诉事件。而无论真相如何，她都是责任承担者。

仿佛一夜之间，所有的努力都白费了。她恍惚觉得，大厅里悬挂的客户锦旗、记忆中那些称赞的笑脸，都像做梦一样。世界变得虚实难辨，她迷失了自己。

她因此哭过、抱怨过、愤怒过。一切归于平静，变为他人茶余饭后的谈资。她也意识到，她不能栽倒在这件事上，要因此而成长。

她汲取了教训，反思了自己不成熟的处理方式，勇敢地回到原来的岗位上，顶着所有人的质疑继续工作。她明白，此时逃避，就将是一辈子的坎儿；此时迎战，这就是人生的一个小插曲。

她走过来了，成为更好的自己。

拥有一帆风顺的人生未必是一件好事，经历挫折，才会思考，才会反思，才会成长，才会蜕变。世界本来的模样渐渐清晰，我们收起眼泪，长大成人。

成功的人生需要你果断抉择，努力坚持

很多次，我站在人生的岔路口上怅然若失。在我们的一生中，总会遇见很多次必须做出的抉择。鱼和熊掌不可兼得，就像你脚下的路，无论可选的有多少，最终要走的只有一条。

古希腊著名哲学家苏格拉底曾把学生带到一块成熟的麦田前，并告诉他们，我们来做一个游戏，看看谁能摘到麦田里最大的麦穗。游戏规则是只许前进不许后退，最终的胜利者会得到特别的奖励。

苏格拉底说完，就走向了麦田。学生们很高兴，都觉得这是非常简单的，开心地走进麦田里仔细搜索起来。

然而，进了麦田之后，学生们才发现，要想找到那株最

大的麦穗何其难！麦田里有成千上万株麦穗，每一株大小都差不多。大家看看这株，又瞧瞧那株，始终拿不定主意。有时候，他们发现一株比较大的麦穗，想摘下来的时候，又担心后面还会有更大的，于是想一想，就决定继续向前找。反正到麦田尽头还有很远，麦穗多得很。

就这样，他们一路走，一路找，一直走到麦田的尽头，大家依然两手空空，没有一个人找到满意的麦穗。

苏格拉底看着垂头丧气的学生们，笑着对他们说，这块麦田里一定有一株最大的麦穗，但是你们不一定看得见，即便看到了，也无法准确地判断出来。所以，摘到你们手中的那一株，才是最大的麦穗。

人生也正如一场摘麦穗的旅程。很多人都以为，往前面走，机会还有很多，不用急。然而，那些稍纵即逝的良机被他们纷纷错过，当他们想挽回的时候已经来不及了。

人生路上，我们总要做出许许多多的选择，关键在于你怎样选择。有人因为选择太多而犹豫不定，脚踩好几条船不肯放手，结果不仅没有渡过河，反而因为站不稳而从船与船之间的缝隙坠落河中。

面对人生的众多麦穗，我们必须及时做出抉择。

意大利著名歌唱家帕瓦罗蒂小时候曾在作文中写道：我有两个愿望，第一个是当一名受人尊敬的教师，第二个是当一位著名的歌唱家。

帕瓦罗蒂将自己的作文拿给父亲看，满怀希冀地等着父亲的赞赏。但是父亲看后，慈爱地摸了摸他的头，语重心长地告诉他："孩子，你必须在当教师和歌唱家之间做出一个选择，这就好比你同时坐在两张椅子上，很可能会从椅子中间掉下来，要想坐得安稳，坐得舒适，你就只能坐一把椅子。"

在父亲的建议下，帕瓦罗蒂选择了唱歌，并为这个梦想努力着。多年以后，他终于成了誉满全球的意大利男高音歌唱家。

做好人生中的选择，有时候比努力还重要。不管你可选的范围有多大，你一定要及时做出自己的选择，不要在麦田的尽头懊悔不已。

30岁是人生中的一个界碑，古人讲究"三十而立"。在而立之年，回首过往的种种，我有时感慨，有时庆幸，有时惋惜，避免不了的，有时也会遗憾。

2007年，我大学毕业。与很多同学一样，我也曾在考研与工作之间拿不定主意。不过，在这个迷茫的群体之中，总会有那么几个特别清醒的人，从来不会为未来而感到迷茫。

7月，蝉鸣阵阵，林宇站在校园图书馆前，心中满是纠结。作为生物科学专业的应届毕业生，他手握知名生物科技公司的橄榄枝，优厚的待遇与广阔的发展空间颇具诱惑；与此同时，国内顶尖科研院校的研究生录取通知书也摆在案头，深造机会同样难得。

林宇自小就对大自然充满好奇，中学起就立志以后投身生物科学领域。大学四年，他刻苦学习，踊跃参与科研项目，在导师的帮助下发表多篇论文。这份热爱，让他内心的天平逐渐倾向继续深造。

一个周末，林宇走进学校的生物标本室。往昔为研究濒危植物，团队在深山里风餐露宿，最终收获成果的场景历历在目。那一刻，对科研魅力与意义的深刻体悟，让他坚定了科研梦想，毅然放弃工作机会，选择读研。父母虽担心，却也支持他的决定。

进入科研院校，林宇遭遇诸多挑战。课程难度飙升，科研压力巨大，实验也常不尽如人意，可每当自我怀疑时，梦想便驱使他重拾信心。在导师指导与团队协作下，林宇聚焦某种疾病早期诊断技术进行研究，取得突破性进展。

随着研究的推进，林宇意识到自己知识储备不足，思忖再三决定申请出国留学。在异国他乡，他克服语言与文化差异，接触到前沿的科研理念和技术，为科研之路夯实基础。

多年后，林宇凭借一系列研究成果，成为享誉业界的生物学家。回顾当年的选择，林宇深感庆幸，也更笃定这个信条：在人生的关键选择时刻，只要坚定自己的信念，就能做出至少不让自己后悔的选择。

有多少人，能够对梦想保持一种永恒的执着，无论输赢成败，始终坚守着自己最初的信念，一步步向前。每一条通往成功的路上，同行的人总会越来越少，因为到最后，坚持走下去的总是没有几个。所以，人们常常开玩笑把"胜者为王"一词改为"剩者为王"。任何一条成功之路，都需要坚持，需要一种执着的精神。

在人生的岔路口上，我们总要做出抉择。选择比努力更重要，有时候也会比努力更痛苦。任何一种选择，都有可能是利弊共存的，我们只能尽自己最大的努力趋利避害，将错误的概率降到最低。

第四章

忘记喧嚣,
找到自己内心的节奏

理解世界的本来面目，并依旧热爱它

世界是一个客观的存在，无论你多么疯狂地爱恋它或憎恶它，它都是那样无喜无悲地存在着。你所看到的世界，其实只是你内心的映射。一双快乐的眼睛，总能看见繁花似锦，而忧郁的双眸，看到的却是黑云压城。

不要以为这是不切实际的唯心主义，也不要急切地否定我的观点。请你想一想，当你悲伤的时候，是否能感受到春暖花开的绚烂？当你快乐的时候，是否能感受到草木临冬的萧索？你眼中的世界，总是随你的内心变化着。

小时候，我们眼中的世界何其简单。世界本是一张白纸，是我们为其画上了各种图案与色彩。

悲观的人眼中的世界是灰色的、暗无天日的，他们觉得处处充满危机与欺骗，不相信别人，也不相信自己，更不要说相信世界；乐观的人眼中的世界是彩色的，就算有风雨，他们也会坚信彩虹的出现，他们永远奋斗在梦想的前线，对生活总是信心满满。

美国芝加哥大学的心理学教授埃克哈特曾做过这样一项实验：他随机给参加实验的男女看一些情景不同的照片，然后观察他们瞳孔的变化。

虽然实验很简单，但是结果很有趣。埃克哈特得出了这样的结论：不同的人在看到不同的照片时，瞳孔会出现不同的大小变化。可见，人类瞳孔的大小变化不仅会随着周围环境的明暗而发生变化，还会受到对所看到的事物感兴趣的程度的影响。

当你喜欢一个人的时候，你看到的就是他的优点；当你讨厌一个人的时候，则满眼都是他的缺点。如果你热爱这个世界，就算在三九寒冬，也会感受到暖暖的春意，相反，如果你讨厌这个世界，就算是在春暖花开时节，也无法融化心中的冰山。

有时候，这个世界会阴云密布、骤雨狂风，但是也请你相信，这个世界也会有繁花似锦、碧海蓝天。无论什么时候，都不要放弃心中的希望。与其喋喋不休地抱怨生活中的种种不公，不如矢志不渝地相信自己心中的梦想。只有心中充满阳光，才能看到春暖花开。

当你爱着这个世界的时候，也就在不觉中爱着自己。踮起脚，你会更接近阳光。我们不能因为世界的某一点意外就将其全盘否定，不论是谁都会不小心犯一些错误。这个世界就像一架不停运转着的巨大机器，天地万物在这机器中生生不息。这架巨大的机器和所有的普通机器一样，也需要人们的保养，有时候也难免发生一些不可预知的故障。只要你好好地爱着它，它就一定会为你带来丰厚的回报。

世界之所以五彩缤纷，是因为有不同的色彩映衬。因为尝过痛苦的滋味，我们才会更加珍惜来之不易的幸福。

平平淡淡的生活中，人们总是忍不住羡慕别人，直到跌到生命的低谷，才知道曾经的自己多么幸福。所以，当他们再次回归平淡生活，虽然和以前比没有变化，但是幸福指数会骤然升高。

一位著名的欧洲女高音歌唱家，仅 30 岁就已经誉满全球。她有一个非常美满的家庭，丈夫疼爱她，孩子们也很可爱。有一次，她到邻国去开演唱会，入场券早在一年前就已经被抢购一空。当晚，她的演唱会开得非常成功，得到了观众们的高度赞扬。

那一天，她的丈夫和儿子也到了现场。演出结束后，她和丈夫、儿子一起走出剧场，一下子就被早已等候在外的观众围了个水泄不通。大家纷纷赞赏她、羡慕她。有人羡慕她年少得志，大学刚毕业就进入了国家级剧院，成为主要演员；有人恭维她 25 岁就被评为世界十大女高音歌唱家之一，真是年轻有为；还有人赞叹她能嫁给一个家财万贯的大公司老板，又有那么活泼可爱的孩子……

歌唱家一直认真听着人们的话，直到大家七嘴八舌地说完，她才缓缓地说："我非常感谢大家对我和家人的赞美，我也希望能在这些方面与你们共享快乐。不过，你们看到的只是我的一个方面，还有另一个方面你们没有看到。你们夸赞我的小儿子活泼可爱，却不知道他是一个不会说话的哑巴。在我的家里，他还有一个姐姐，是一个精神病人。"

人们被这一番话震惊得不知所措，面面相觑，简直不敢相信，这样完美的一个歌唱家，怎么还会有这样不幸的一方面？

生活中，我们常常羡慕别人有的而自己没有的，却不知道别人也在做着同样的羡慕。你所拥有的，正是别人心心念念想要得到的。何必为自己没有的那部分而忧心忡忡，却忽略了自己所拥有的幸福呢？

只要你的心里没有让痛苦滋生的温床，只要你心中永远充满阳光，就算人世险恶又怎样？童话故事里，向往美好的丑小鸭最终变成了美丽的白天鹅，而生活中，多少美丽的白天鹅却因为内心的晦暗而退化成了丑小鸭？

有一种悲伤叫作放大悲伤。也就是说，如果你把自己的悲伤无限放大，在这悲伤里开始人生的死循环，就会造成更加强烈的悲伤。这种痛，比伤口本身的痛还要剧烈。

其实，很多让我们感到困苦的事情，都只是小事情。只要你想一想，三年后你是否还记得这件事，这件事对你是否还会有影响，如果答案是否定的，那么就不要再为这件事痛苦沉沦了。有人因为挤公交的时候被别人踩一脚而郁闷一整天，也有人因为刮破了心爱的衣服而心疼好几天，还有人因为别人的一句挖苦而记恨几个星期……

这些是何其不值！

伤害是别人施加给你的，心情的好坏却取决于自己，如果受了伤还要哭泣，岂不是在不幸上又添一层不幸？不如快乐一些，从容一些，微笑着看这人世间的纷纷扰扰，给心灵投下一束阳光，给快乐一个机会，给幸福一个承诺。

要替别人着想，但为自己而活

"人之初，性本善。"我相信在每个人的内心深处，都藏着一片善良的净土。那份善良如同开在尘世里的花，让整个人间芬芳绚烂，妖娆多姿。

孔子曾说："己所不欲，勿施于人。"当你厌恶一件事物的时候，就不要将这件事物强加给别人。我们要设身处地地为他人着想，不过，生活是自己的，无论你有多少顾虑，无论你为他人想了多少，你总要为自己而活。

你要记得，没有人可以取代你的位置。在这个世界上，你是独一无二的，只有你自己，才能开创专属于自己的宏伟人生。

清晨的阳光穿过淡薄的云层，洒在林悦的出租屋窗台上。林悦从床上坐起，看着墙上贴的旅行照片，嘴角不自觉地上扬。这个出生在江南小镇的姑娘，带着对世界的无限憧憬，在大学毕业后毅然选择留在了充满机遇与挑战的大都市。

林悦开始在一家营销公司做策划，每天过着朝九晚六的生活。但在繁华都市的喧嚣背后，她总觉得生活缺少了些什么。一次偶然的机会，林悦在网上看到了一位旅行博主的视频，视频中绝美的风景、独特的人文风情，让她无比心动。林悦意识到，这样的生活和工作才是自己真正热爱的事情。

当林悦把辞职做旅行博主的想法告诉家人和朋友时，却遭到一致反对。父母苦口婆心地劝她："女孩子找份稳定的工作才是正途。"朋友也纷纷质疑："旅行博主竞争那么激烈，你能成功吗？万一失败了怎么办？"面对这些反对和质疑，林悦也曾犹豫过，但内心深处对旅行的热爱，最终还是战胜了恐惧和担忧。

林悦毅然辞去了工作，背上背包，踏上了未知的旅程。为了节省开支，她常常选择住在便宜的旅社，与来自不同地方的旅行者交流。每到一个新的地方，林悦都会用心感受当地的风土人情，用镜头和文字记录下旅途中的点点滴滴。她会在日出时分爬上山顶，拍摄壮丽的云海；会在古老的小镇街头，品尝地道的美食；会和当地的居民围坐在一起，听他们讲述那些遥远时光的故事。

但这样的生活并非一帆风顺。刚开始，林悦的视频和文章无人问津，粉丝增长缓慢。为了提升自己的创作水平，她利用休息时间学习摄影技巧、文案写作和视频剪辑。她不断尝试新的拍摄风格和内容形式，努力让自己的作品更加独特和吸引人。经过无数个日夜的努力，林悦的付出终于得到了回报。她的一篇文章开始走红，吸引了大量网友的关注。此后，她的粉丝数量迅速增长，越来越多的人被她的旅行故事所打动。

随着知名度的提高，林悦接到了不少品牌的合作邀请。

但她始终坚守自己的原则，只推荐自己真正体验过且认可的产品和服务。在她看来，保持内容的真实性和独立性，是对粉丝的尊重，也是对自己热爱的事业负责。

如今，林悦已经成了一名小有名气的旅行博主。她不仅实现了自己的梦想，还通过自己的作品，鼓励更多的年轻人勇敢追求自己的热爱。在这个充满机遇和挑战的时代，林悦用行动证明，只要有勇气打破常规，为自己而活，就能在逐光的道路上，创造出属于自己的精彩人生。她就像一束光，照亮了自己，也为他人指引了前行的方向。

为自己而活，不是自私自利，而是恰到好处的抉择。如果你喜欢一个人，那就去表白吧，不要顾虑太多，趁着年轻，趁着一切还来得及，去轰轰烈烈地爱吧，不要等一切都成为过去，才后悔莫及。如果你喜欢一件事物，那就努力去拥有吧，趁你还喜欢它，趁你还有机会去得到。人的一生中，总会有许许多多让你喜欢的东西，如果每一次你都畏首畏尾地不敢去奢望，那么人生的意义还有多少呢？

有人想去割双眼皮，年轻的时候，觉得太贵了，不舍得花钱；中年的时候，觉得太忙碌了，没有时间；直到老年的时候，终于有钱了，也有时间了，但是青春早已不在，皱纹爬了满脸，曾经那样强烈的割双眼皮的愿望，只能成为一场空想。

艾弗列德·德索萨曾说过："跳舞吧，如同没有人注视你一样；去爱吧，如同从来没有受过伤害一样；唱歌吧，如同没有任何人聆听一样；工作吧，如同不需要金钱一样；活着吧，如同今日是末日一样。"

在漫长的历史岁月中，百年人生只是弹指一挥间。在苍茫人世里，能够把自己的脚印深深地印在史书上的能有几人呢？大多数人都是在生命陨落之后，就渐渐没有了痕迹，多年过去，茫茫人海中，已经没有人记得他。

这看似漫长实则短暂的一生，只有我们自己才能悉心把握。

我是个喜欢旅行的人，每到假期，总要出门旅行。假期长的时候，就去个远一点的地方，假期短的时候，就去个近一点的地方。从烟雨江南，到狂沙塞北；从唯美的青藏高原，到蔚蓝的海岸；从熙熙攘攘的曼谷，到薰衣草盛放的普罗旺斯……那些美丽的地方，都留下过我的脚印。

我常常听人说，"人生总要有一场说走就走的旅行"，然而，说这句话的人，常常是个极少旅行的人。朋友总是无比羡慕地对我说："好想和你一起去旅行呀！"我笑着说："那就走啊！下次我们一起订票。"但是当下一次旅行开始的时候，他们总是有各种事情。"这次去不了了啊，我要去参加朋友的生日 Party！""我给儿子报了个补习班，我要陪他去上课。""假期三薪，太诱人了，我先不去旅行了！""去那么远啊，我还是想去个近的地方。""什么？去国外？语言不通啊！还要办护照，太麻烦了！"

对于那些五花八门的理由或借口，我只能摇摇头一笑而过。我相信他们是想去旅行的，只是顾虑太多。其实，人这一生真正属于自己的时间并不多，很多时间，我们要花在家人身上、朋友身上及工作上，真正能让自己随意支配的，怕是只有少得可怜的假期。如果你渴望来一场说走就走的旅行，那么就马上去订票吧！一张小小的机票，可以放飞你的心，去实现你长久以来渴望却不敢践行的愿望。当你看着地面离你越来越远时，当你看着大片的云层从舷窗外轻盈而过时，当你看着阳光肆无忌惮地在云海上翩跹起舞时，你会为自己的选择而感到庆幸。一场说走就走的旅行，不应该只是说说，而是应该趁你还有热情，趁你还心有渴望，就马上去践行。

为自己而活，活出生命的本色，活出属于自己的风格。人生一世，如同白驹过隙，我们不求在人类的史书上留下多么绚烂的篇章，只求在自己的生命中留下美好的回忆。让这漫长又短暂的一生，不负自己的心愿，不负美好的岁月。

人生是自己的，不要被别人所左右，爱情也好，工作也罢,这一场人生总要活出自己的风格。我们不能在别人的阴影下徘徊不前,你的方向在哪里,就向哪里前行,无须犹豫,无须等待。

凡是你想控制的，其实都控制了你

生活中，很多人都犯了这样的错误：拼命地想去操控一件事物，结果却成了被操控的对象。我们需要有自己的追求，但不能为了这份追求而迷失自我，被自己所追求的事物控制。

当你对一件事物的渴望越是强烈的时候，你的弱点也会越明显。有梦想固然是好事，但是在强烈欲望的背后，也潜藏着不易察觉的危机。

我想起了历史上那个有名的"染指"的故事。

郑国大夫子宋和子家两人一起去见郑灵公。快进宫门的时候，子宋忽然停住了脚步，他抬起右手，笑眯眯地对子家说道："你看！"

子家很奇怪，手有什么好看的？但他还是凑过去仔细地看了看。原来，子宋的食指一动一动的。他不以为然，动食指嘛，这有什么难的，谁的食指都能动啊！他也伸出手，一面动了动食指，一面说道："这谁不会啊！"

子宋大笑道："你以为是我在动食指吗？不是，这是它自己在动。你再仔细看看。"

子家将信将疑，一面自己又动了动食指，一面又仔细地观察了一下子宋的食指。果然，他发现子宋的食指和自己食指的抖动状态不一样。他不禁大为叹服。

子宋非常得意，他晃着脑袋说道："看来是有好吃的在等着我们呢！每次我的食指一动，都意味着能吃到新奇的美味。"

子家半信半疑。进宫时，他们看见厨子正在切一只煮熟的甲鱼。那只甲鱼非常大，是一个楚国人进献给郑灵公的。郑灵公见甲鱼很大，正好可以分给臣下们吃，就特意吩咐厨子将其烹制，然后邀请了诸位大夫们前来尝鲜。

子宋的话果然应验了，子家不禁向他竖起了大拇指。

这一下，子宋更加得意了，一时忘形地摇头晃脑起来。

这一幕正好被郑灵公看在眼里。看到两个人在他面前这么没规矩，他有些不高兴。他问两个人："你们在笑什么？"子家赶紧把刚才子宋食指跳动的事情说了一遍。

郑灵公听后，更加不高兴，他含糊地说道："真有这么灵验吗？"

少顷，大家都到齐了，甲鱼宴也正式开始。厨子从鼎中将已经切成小块的甲鱼装进小盆里，依次盛给郑灵公和诸位大夫。

郑灵公美美地尝了一口，赞叹道："味道不错！"大夫们也都举起筷子，津津有味地吃起来。然而此时，刚刚还一脸得意的子宋却满脸窘迫，因为他的桌案上空空如也。

子宋看了看郑灵公，郑灵公正津津有味地吃着甲鱼羹，和大夫们有说有笑。他又看了看子家，子家吃得正香，发现子宋看着他，便马上转过来向他扮了个鬼脸。

大家都在吃着美味，说说笑笑，子宋却恨不得找个地缝钻进去。他知道了，这分明就是郑灵公有意安排的，故意让他食指跳动的说法不灵验。他恼火极了，终于忍无可忍地站起来，冲到大鼎前做出了一个惊世骇俗的举动。

只见他伸出手指，在大鼎中蘸了一下，然后把手指放在嘴里尝了尝，似乎是在向郑灵公得意地宣布：你看，我尝到美味了吧！

然后，子宋大摇大摆地走了出去，完全无视盛怒的郑灵公和咋舌不已的诸位大夫。

子宋的行为让郑灵公愤怒不已。作为一个君主，他总想控制自己的臣子，但是却不知，这种控制欲也在控制着自己。当臣子不听自己的掌控时，君主便会拿出最后的撒手锏——让这个不听话的臣子永远闭上嘴巴。郑灵公决定把子宋杀掉。然而，子宋已经预料到郑灵公会做出这样的决断，于是联合子家先下手为强，干掉了那个美滋滋地吃甲鱼羹来馋他的郑灵公。

身为堂堂国君，竟因为一碗甲鱼羹而殒命，郑灵公的死法也真是让人哭笑不得。不过归根结底，是他心中的控制欲将他推入绝境。

控制欲就像一把无柄的利刃，当你攥得越紧，手上的伤口也会越深。

浩瀚的海水接纳了千百条河流与自己汇成一体，正是这宽广博大的胸襟使得它成为浩瀚无边、横无际涯的大海。坚韧挺拔的山峰，因为没有任何欲望才能保持直立向上，而不是倾斜歪倒。

欲壑是一个永远也填不满的无底洞，多少人因为无休止的欲望而丧失了自我，最终把自己葬入万劫不复的深渊。

"欲"是一种本能，而控制"欲"则是一种行为，能够没有"欲"，便是一种境界。每个人都会有那么一些欲望，只要保持在一定的尺度之内，这种欲望还是有积极作用的，但是，当欲望超出了你能控制的范围，那么这种欲望就会成为一种非常危险的东西。

芸芸众生，每个人都只是一个普通的个体，但是每个人，又都是这世界上独一无二的存在。人们常常想着把别人当成木偶来操控，殊不知，别人也正在这样算计着你。

世界是一面镜子，你对它笑，它便会对你笑；你对它哭，它也会对你哭；你怒发冲冠地咒骂它，它也会暴跳如雷地咒骂你；你对它宽容善良，它也会还你以脉脉温情。

最好的控制，是自我控制。有人绞尽脑汁、费尽心血去控制别人，到最后却落得一个千夫所指的骂名。也有人严格要求自己，努力去控制自己的一切言行，得到了所有人的赞扬与认可。如果你愿意把控制 10 个人的精力拿出来控制一个自己，我相信你会得到更圆满的结果。

歌手王筝唱过一首非常好听的歌，叫《越单纯，越幸福》。我很喜欢其中的一句歌词："越单纯，越幸福，心像开满花的树。"越是单纯的人，欲望也越少，所以简简单单的小事，就能让他感到满满的幸福与快乐。

小时候，快乐很简单；长大后，简单很快乐。小时候的我们会因为一根雪糕而开心一整天，然而长大后的我们，就算一箱雪糕也未必能换来童年时代那种纯真的快乐。欲望就像一副枷锁，紧紧地铐住了人们的手脚。很多人还没来得及得到自己苦苦想要的东西，就先失去了自我。

人生一世，开开心心就好，何必要让自己那么累呢？

如果你愿意卸下欲望的枷锁，你会看到别样明媚的人生。其实，只要你保持一颗淡泊宁静的心，就算长大了，快乐依然可以很简单。

第五章

走出舒适区，
遇见更好的自己

舒适区只是暂时的避风港

在繁华都市的写字楼丛林中，林宇阳曾是众多怀揣梦想的年轻人之一。毕业于一所不错的大学，市场营销专业的他，带着对未来的无限憧憬踏入了职场。起初，命运似乎格外眷顾他，一毕业就进入了一家颇具规模的企业里担任市场专员。

林宇阳的工作环境十分安逸，朝九晚五的稳定作息，没有严苛的业绩压力，同事之间相处融洽，福利待遇也相当不错。每天的工作内容相对固定，无非是收集整理一些市场数据，协助策划一些不痛不痒的小型推广活动。刚开始，林宇阳还会利用业余时间学习新的营销理念，关注行业动态，但随着时间的推移，舒适的工作节奏逐渐消磨了他的斗志。他习惯了这种按部就班的生活，曾经的雄心壮志慢慢消磨殆尽。

与此同时，互联网行业在国内迅猛发展，新兴的各种营销模式如雨后春笋般层出不穷。同行们纷纷投入大量时间学习新技能，积极拥抱变化，而林宇阳依旧沉浸在自己的舒适区里。他觉得自己的工作安稳，没必要去折腾那些新东西。偶尔参加行业交流会，听到同行们热烈讨论，他也只是左耳进右耳出，完全没有意识到危机正在悄然逼近。

几年时间一晃而过，市场环境发生了巨大变化，企业也面临着改革的压力。为了提升竞争力，公司开始大规模裁员，引入更具创新能力和市场敏感度的人才。毫无准备的林宇阳不幸成了裁员名单中的一员。他拿着离职通知，站在公司楼下，望着人来人往的街道，心中满是迷茫。

失去工作后，林宇阳开始四处寻找新的工作机会。然而，他这才发现，自己与市场严重脱节。那些曾经不如他的同学，凭借着在新兴领域的积累，已经在职场上崭露头角，他却因为安守舒适区，失去了与外界竞争的能力。

林宇阳的经历就像一个警示灯,提醒着我们安守舒适区的代价是多么惨重。在这个瞬息万变的时代,没有永远稳定的工作,也没有一成不变的舒适区。如果我们一味地贪图安逸,拒绝成长和改变,就会像温水中的青蛙,在不知不觉中被时代淘汰。

每个人都有自己的舒适区,这个舒适区主要指性格、行为、思想上的某些习惯,只要不偏离这些习惯,不违背这些规律,我们就会感到安全和幸福。在这个区域内,我们做什么都感觉如鱼得水。但一旦走出这个舒适区,怀疑和恐惧便会接踵而来。你会感到不自在,继而感到有压力:要做自己不擅长的事,别扭;要接触自己不熟悉的人,麻烦;要克服很难克服的困难,太累。

人之所以会对现实产生畏惧,是因为现实与理想的差距往往很大,而对待这种落差的态度,会导致人与人的不同。有些人执着地缩短这段落差,有些人执着地寻找舒适区。在一个较长的稳定时期内,二者似乎都很努力,都有所成就,短期看后者甚至比前者更为稳定,更让人羡慕。

但过了这个时期，你会发现前者不断进步，很快超越自己、超越旁人；后者则止步不前，渐渐落下。

在舒适区待惯了的人，很容易出现下面的变化。

一是等。等待成了生活的常态，一件需要立刻去做的事，他们不紧不慢，想要等一等。为什么要等？他们等着有没有别人去做，或者等自己有了做的心情再做。一件事需要动脑思考，他们也要等，等着别人想到好办法再说。

二是靠。依赖成了他们的救命稻草。在生活上，他们依赖自己的父母和伴侣；在工作上，他们依赖上司和同事……他们等待着命令，等待着帮助，把自己的付出减少到最小，而对别人的期望却在成倍增加。

三是落空。在舒适区舒适了很久，他们终于发现世界变了，那些舒服的日子突然遥远了，那些曾引以为傲的旧知识早已用不上，他们的应变能力一降再降，面对风险越来越害怕、焦虑。于是，他们只能继续窝回去，这一次，舒适区不再让他们有安全感，曾经的避风港成了一个漏雨的小茅屋，在那冰冷的滴水声中，他们发现人生中的一切都在落空。

  一等二靠三落空，不论是谁，只要耽于舒适区，丧失进取之心，一定会面对这样的结果。等待和依赖本来就靠不住，只有持续的学习和敢于突破自己才是最好的安全栓。

打破舒适区，迎来破茧新生

神经可塑性理论证实，长期固守舒适区会导致大脑神经突触连接固化，认知弹性显著降低。就像温水中的青蛙，我们往往在不知不觉中丧失了对环境变化的敏锐感知，原本的舒适区可能会逐渐变成困住我们的牢笼。

那我们要如何打破舒适区，积极拥抱变化，实现自我突破呢？

第一，打破舒适区，是认知觉醒的开端。

要打破舒适区，首先需要清晰地认识自己，觉察到自己正处于舒适区的状态。这并非易事，因为舒适区往往以一种隐蔽的方式存在，让我们不知不觉陷入其中。很多人在稳定的工作岗位上一干就是数年，每天重复着相同的工作内容，虽然可能心生倦怠，但因为害怕改变带来的不确定性，始终不敢迈出改变的步伐。

以知名篮球运动员迈克尔·乔丹为例，他在篮球领域取得的成就举世瞩目。然而，在职业生涯初期，他虽然展现出了极高的篮球天赋，但在防守方面存在明显的短板。他完全可以凭借自己出色的得分能力，在舒适区内继续打球，享受球迷的欢呼和胜利的荣耀。但乔丹没有满足于此，他敏锐地察觉到自己的不足，勇敢地直面这个问题。他明白，只有打破在进攻端的舒适区，全面提升自己的能力，才能成为一名真正全能的伟大球员。于是，他在训练中投入大量时间和精力来强化自己的防守技巧。正是这种对自身的清醒认知和打破舒适区的决心，让乔丹不断超越自我，成为篮球史上的传奇人物。

在日常生活中，我们也可以通过定期的自我反思来觉察自己是否处于舒适区。比如，回顾过去一段时间自己的工作内容、学习情况以及社交活动，如果发现自己总是在重复熟悉的事情，很少尝试新的挑战，那可能就需要警惕自己是否陷入了舒适区。只有当我们清晰地认识到这一点，才能为接下来的改变做好准备。

第二，设定目标，迈出勇敢的第一步。

当我们意识到需要打破舒适区后，设定明确的目标是迈出第一步的关键。目标就像黑暗中的灯塔，为我们指引前进的方向。没有目标的改变，往往会因为缺乏动力和方向而半途而废。

对于我们普通人来说，设定目标时要遵循 SMART 原则，即目标要具体（specific）、可衡量（measurable）、可实现（attainable）、相关联（relevant）、有时限（time-bound）。比如，如果我们想要提升自己的写作能力，就不能仅仅设定一个模糊的目标——"我要提高写作水平"，而是要具体到"在接下来的三个月内，每周完成一篇 1500 字以上的文章，并投稿到至少两个指定的平台，争取在半年内有三篇文章被平台收录"。这样的目标清晰明确，具有可操作性，能帮助我们更好地迈出打破舒适区的第一步。

第三，持续学习，为突破提供动力。

打破舒适区的过程,必然伴随着各种新的知识和技能需要学习。持续学习是我们在这个过程中不断前进的动力源泉。在当今快速发展的时代,知识与技术日新月异,如果我们停止学习,很快就会被时代淘汰。

史蒂夫·乔布斯是一个终身学习的践行者。他对科技和创新有着无尽的热情,不断学习和探索新的领域。在苹果公司的发展历程中,乔布斯始终站在技术和设计的前沿。他不仅关注计算机技术的发展,还对艺术、设计、心理学等领域有着浓厚的兴趣。他将这些不同领域的知识融合在一起,为苹果产品赋予了独特的魅力。例如,在设计苹果产品时,他运用自己对简约美学的理解,追求极致的用户体验,使苹果产品不仅是科技产品,更是艺术品。

乔布斯这种持续学习的精神,让苹果公司不断推出具有创新性和变革性的产品,如 iPod 改变了人们听音乐的方式,iPhone 更是彻底改变了全球手机行业的格局。正是因为他不断学习新知识,敢于尝试新的理念和技术,才使得苹果在激烈的市场竞争中一骑绝尘,成为全球最具价值的公司之一。

对于我们来说，持续学习可以通过多种方式实现。可以利用业余时间参加各种培训课程、在线学习平台，阅读专业书籍和行业报告，也可以与同行交流分享经验。通过不断学习，我们可以拓宽自己的知识面和视野，提升自己的能力，为打破舒适区提供坚实的支撑。

第四，克服恐惧，在挑战中成长。

打破舒适区，意味着要面对未知的风险和不确定性，这往往会让我们心生恐惧。恐惧是我们前进道路上的绊脚石，如果不能克服它，我们就很难真正实现突破。

著名指挥家小泽征尔的故事，便是一个克服恐惧、在挑战中成长的典范。小泽征尔早年在欧洲学习音乐，一次，他去参加国际指挥大赛。在决赛中，他按照评委给出的乐谱进行指挥，却敏锐地发现了乐谱中存在的不和谐之处。他起初以为是乐队演奏的问题，但重新指挥后，那种不和谐的感觉依然存在。于是，他向评委提出乐谱有误，但在场的作曲家和评委们都坚持说乐谱没有问题，是他的错觉。

面对众多权威人士的质疑，小泽征尔的内心十分纠结和恐惧，他担心自己的判断有误，会因此失去这次比赛的机会。但他并没有被恐惧所左右，经过再三思考，他坚信自己的判断，再次坚定地对评委说："不，一定是乐谱错了！"这时，评委们突然报以热烈的掌声，原来这是评委们精心设计的一个"圈套"，目的就是考察指挥家在面对权威质疑时，是否能够坚持自己的判断。小泽征尔凭借着自己的勇气和坚定，成功地克服了内心的恐惧，最终赢得了大赛的桂冠。

在我们的生活中，也常常会面临类似的情况。比如，当我们想要转换职业方向时，会担心自己能否适应新的工作环境、能否掌握新的工作技能，这种恐惧会让我们犹豫不决。但我们要明白，恐惧只是一种情绪，它并不代表事实。我们可以通过积极的自我暗示、逐步尝试等方式来克服恐惧。当我们勇敢地迈出第一步，去面对挑战时，就会发现自己远比想象中更强大。

打破舒适区，勇于拥抱变化，是一个充满挑战但又极具价值的过程。它需要我们有清晰的自我认知、明确的目标、持续学习的动力以及克服恐惧的勇气。虽然这个过程可能会充满艰辛和挫折，但每一次的突破都会让我们成长和进步。

第六章

心静者胜出，
专注者无敌

要想成功，先得学会蛰伏

　　蛰伏，源自《周易》"潜龙勿用"的智慧，是中国哲学特有的生存策略与生命智慧。其本质并非消极的隐忍退避，而是基于对天道规律的深刻洞察，在力量尚未成熟时主动选择的战略性退守。它要求个体在困顿中保持清醒认知，以"守弱"的姿态完成能量的转化与升华，最终实现"厚积薄发"的质变跨越。

　　从哲学维度看，蛰伏是阴阳转化的具象实践。《道德经》"反者道之动"揭示的是物极必反规律，赋予蛰伏动态平衡的深意。正如寒冬中草木敛藏生机以待春发，人在逆境中沉淀智慧、修德砺行，实则是遵循自然法则的生命进阶。这种蓄能过程打破线性发展的思维定式，将表面停滞转化为突破瓶颈的预备期，形成"静水流深"的成长张力。

就认知层面而言，蛰伏是打破信息茧房的关键阶段。王阳明龙场悟道前经历的仕途沉浮，恰印证了"破而后立"的认知跃迁规律。当既有经验体系遭遇现实困境时，蛰伏期创造的真空状态，迫使主体跳出路径依赖，在沉淀中重构认知框架。这种思维系统的迭代升级，往往孕育着颠覆性创新的可能。

蛰伏的现实意义在于重构成败的价值坐标。在功利主义盛行的时代，人们惯以显性成就衡量成功，却忽视了"十年磨剑"的深层价值。中国古代许多名人，像范蠡助勾践复国后激流勇退，张良功成身退研修黄老之道……这些案例都深刻展现蛰伏的智慧。它教会我们：真正的强者既能抓住"飞龙在天"的机遇，更懂得在"亢龙有悔"前重返深渊。这种进退有度的生存艺术，恰是应对人生不确定性的大智慧。

勾践面对断壁残垣时，在范蠡"持盈者与天，定倾者与人，节事者与地"的劝谏中，选择了最屈辱的生存方式。

这个曾坐拥三江五湖的君王，在吴王马厩中亲尝粪便，在石室之中卧薪尝胆，用二十年时间将屈辱转化为复国的力量。这种超乎常理的忍耐，实则是对"天地闭，贤人隐"的深刻理解。而越国大夫文种提出的"七术"策略，正是蛰伏时期全面布局的典范：通过贿赂吴臣、高价购粮、进献美人等组合策略，悄然改变着吴越力量的对比。

张良在沂水桥头的遭遇，则展现了蛰伏期"该干什么"的深层意义。当黄石公三次故意堕履时，张良表现出的不只是敬老美德，更是对非常之事的敏锐感知。此后十年间，他精研《太公兵法》，将复仇刺客的戾气转化为帝王师的睿智。这种蜕变印证了《道德经》"至虚极，守静笃"的修炼之道，说明真正的蛰伏是静悄悄升级自己的本事。

再看姜子牙渭水垂钓的传说，这揭示了蛰伏与机遇的关系。80岁高龄仍在磻溪用直钩钓鱼，这种行为艺术般的等待，实则是观察时局的主动选择。当周文王车载姜子牙行八百步时，这个看似被动的隐者早已完成伐纣战略的全盘推演。这种"不钓鲤鱼钓王侯"的智慧，印证了《鬼谷子》

"世无可抵，则深隐而待时"的处世哲学。

　　站在历史的长河回望，那些改变进程的转折点，往往始于某个看似停滞的蛰伏期。这种特有的生存智慧，在当今瞬息万变的时代更具现实意义。当我们面对职业瓶颈、创业困境或技术突破的僵局时，需要的不是盲目冲刺，而是像敦煌壁画中的飞天，在岩壁中积蓄千年的色彩，只为等待重见天日时的惊艳绽放。蛰伏的真谛，在于理解"静水流深"的生命节奏，将看似被动的等待转化为主动的能量积蓄，最终完成从量变到质变的惊艳一跃。

　　诸葛亮的"卧龙"称谓，恰如其分地诠释了蛰伏期与腾飞时的能量守恒定律。隆中十年，他躬耕陇亩却洞悉天下，当刘备三顾茅庐时，那份《隆中对》绝非临时起意，而是蛰伏期系统思考的结晶，精准预判了三国鼎立的战略格局。

　　而王阳明龙场悟道的经历，更是展现了精神蛰伏的涅槃力量。被贬瘴疠之地，他凿石为棺参悟生死，终于打破程朱理学的桎梏，创立心学体系。这种在绝境中的思想突围,验证了《周易》"穷则变,变则通,通则久"的变革智慧,说明最深层的蛰伏往往是认知范式的革命性突破。

在安静与专注中获得成长

帕斯卡在《思想录》中写道："人类所有的不幸都源于一个简单的事实——他们不能安静地待在自己的房间里。"这句话穿越几百年的时光，在今天依然振聋发聩。当无数人在信息的洪流中焦虑地浮沉，我们似乎正在忽视：那些改变世界的思想、创造奇迹的技艺、突破认知的发现，都是在最深的静默中孕育的。

牛顿在伍尔索普庄园的苹果树下独居的18个月，成为科学史上最富传奇色彩的静默时刻。这位剑桥大学的年轻学者避开伦敦的喧嚣，在乡间日复一日地演算、观察、思考。当他被坠落的苹果砸疼时，不是立即发火或者吃了它，而是在静默中让这个现象与月球轨道、行星运行产生奇妙的联结。

正是这种不被外界干扰的无极限思考，让三大运动定律和万有引力定律破茧而出。

与之形成鲜明对比的是达芬奇。这位文艺复兴时期的天才留下上万页手稿，却鲜有完整作品。他的笔记本里写满对飞行器、人体解剖、水利工程的奇思妙想，但多数构想都止步于草稿。不是才华不足，而是分散的注意力如同阳光下的放大镜，当焦点不断游移时，终究无法点燃思想的火焰。

数字时代正在重塑人类的大脑神经网络。斯坦福大学的研究表明，持续的多任务处理会让前额叶皮层持续充血，产生类似醉酒的状态。当我们自豪地宣称能同时处理多封邮件、N场视频会议时，大脑的认知功能正在悄然退化。就像古希腊神话中的伊卡洛斯，在追逐太阳的过程中忘记了蜡翼的极限，最终掉进大海。某企业曾经做过一个测试，结果显示，员工平均每11分钟就被打断一次工作流，要恢复深度专注需要23分钟——这种碎片化的生存方式，正在将我们拖入低效的泥沼。

凌晨三点的宿舍里，林灵的手机屏幕依然在幽暗中有规律地闪烁。她机械地滑动着手机屏幕，各种短视频就像流星雨般划过视网膜。这本该是撰写毕业论文的关键时刻，但文档空白页上的光标，已经整整一天没有移动过分毫——这种被数字碎片蚕食专注力的场景，正在无数智能设备用户中同步上演。

神经科学研究了人类大脑处理短视频时的状态，结果显示，当我们在15秒内经历剧情的起承转合，多巴胺分泌会形成特定节律。某测试显示，志愿者连续观看两小时短视频后，其持续注意力阈值从平均12分钟锐减至47秒。就像被投喂糖果的孩童不再欣赏正餐，习惯了信息速食的大脑逐渐丧失深度思考的耐受力。现在很多人对此深有体会：可以刷完三十条科普短视频，但当需要研读技术文档时，那些碎片知识就像沙滩上的字迹，在潮水退去后留不下任何痕迹。

数字碎片对创造力的绞杀更为致命。短视频平台常见的"三秒定律"——如果前三秒不能吸引观众就注定被划走——正在重塑我们的思维模式。这种思维惯性甚至蔓延到日常生活，你是不是也有这种感觉：看场电影都觉得节奏太慢，总想拖动进度条。

面对如此严峻现实，如何来重建我们的专注力呢？

首先，是学会制造"数字沼泽"。神经学家发现，人类注意力的启动需要12分钟的"认知入水期"，就像潜水员需要逐步适应水压。程序员小赵将手机调成灰度模式，在书桌前布置了需要手动上弦的复古闹钟。这些刻意制造的"使用障碍"，让他写代码的时间从碎片化的40分钟逐渐延长到150分钟。正如原始人用燧石取火需要专注摩擦，数字时代的深度工作也需要仪式感护航。

在北京通勤早高峰的地铁中，晓梅的降噪耳机从不播放音乐。这个持续几年的习惯，源自认知心理学中的"感官通道净化"原理。当她把视觉聚焦在电子书、听觉隔绝环境噪音时，她竟读完了全套《追忆似水年华》。这种感官维度的断舍离，本质上是在信息洪流中搭建认知浮岛。就像老花匠修剪枝桠才能让花朵绽放，专注力的复苏也需要定期清理认知冗余。

其次，重建专注力的终极密钥，在于重构时间认知。有研究显示，坚持每天个把小时"无目的漫步"的人，其创造力指数比对照组高38%。你甚至还可以在手机里设置"发呆闹钟"，每天三次对着窗外绿树放空十分钟。这些看似浪费的留白，实则是大脑整理信息碎片的黄金时间。就像农耕需要休耕期恢复地力，过度开采的注意力也需要季节轮作的智慧。

当我们放任注意力被切割成电子尘埃，失去的不仅是深度思考的能力，更是生而为人的精神完整性。在算法编织的陷阱里，或许该重新听听海明威的警示——真正的高贵不是优于他人，而是优于过去的自己。

第七章

认真生活，
是对自己最好的态度

在最需要奋斗的年华里勇敢前行

陶渊明在诗中说:"盛年不重来,一日难再晨。及时当勉励,岁月不待人。"珍惜青春最好的方式,就是奋斗。生命没有完美,总有需要补足的地方,比如上天没有给我们一张美丽的脸蛋、一个完美的身材,或是没给我们一个富有的家庭、一个优质的爱人,抑或没有赐予我们一些金灿灿的机会……

这些不足告诉我们,在青葱岁月里,我们除了不可避免地迷茫之外,还要留出一份空间给自己思考和选择。

年华匆匆,我们有时候会回首,有时候会瞻望,但最终,我们的目光必须落在当下——这个奋斗的年龄。世上没有颗粒无收的努力,只是今日播撒的种子,或许是在一个我们看不到、意识不到的地方发芽。

既然20多岁是不成熟的，既然很多事情是无法避免的，那怎样应对才能做好准备，迎接下一个黎明的到来呢？

最重要的是认清现实。我们身上的标签都是现实状况的一种变形传递。所有成功的人都是从认清现实开始的。比如鲁迅，在他那个时代，混乱不堪，国将不国，鲁迅怀抱着一腔热血去做医生，想治好人们身体的疾病，但一些现实让他认识到，大家的身体好了，没有健康的精神，也还是难免要做亡国奴的，所以他拿起笔作为武器，揭发统治者的黑暗，从精神上来治愈人们的"疾病"，唤醒那些麻木不仁的灵魂，让大家重新燃起希望的火焰。

人生就是一条河流，此路不通，就将自己的力量汇聚起来，冲开另外一条路。从古至今，有很多革命者勇于挑战现实，冲破保守的教条，就是因为他们认清了现实，懂得着眼于实际。如果人人都故步自封，社会也将无从发展。

在不同的时空里，我们会面临不同的情况。聪明的人懂得与时俱进的道理，敢于做时代的弄潮儿。不同的道理，不同的规则，都必须有其适应的土壤。我们不能活在过去的岁月里，也不能跳跃到未来的时光中，唯有活在当下，才能营造一片属于自己的天地。

能够认清现实的人，就迈出了非常重要的一步。我们需要"整理"自己。"整理"自己以前的成绩，知道自己有多少斤两、有多少能力。用最通俗的话来说，我们要知道自己能做什么，才能要求别人给我们什么。

要"整理"自己当下的所得，除了物质收获，我们还有经验的收获、心智的收获，这些点点滴滴的进步尽管很难被清晰地意识到，但它们确实是存在的，量变达到了一定程度，我们就要知道自己身上的质变。

对于未来，满腔热血的人并不少，成功的人却并不多，贸然进取往往失败，考虑周详再前进更可能成功，这是二十多岁的人应该学会的。需要注意的是，目标可以过大，但不应该过多。过大的目标可以称为梦想，过多的目标则是一堆乱麻。一个明白自己实力的人，可能会定很大的目标，但不会定过多的目标，过多的目标是对进取心的吞噬。

钢铁大王安德鲁·卡耐基说："随着年龄的增长，我越来越不看重人们的言语，我只看他们的行动。"被轻视的人，梦想永远挂在嘴上，而被尊重的人，梦想一直践行在路上。现实始终是残酷的，它摆在那里，等待超越。

天下难事，必作于易；天下大事，必作于细。每一分耕耘，都会有不同的收获。韶华易逝，不要等到老态龙钟，才对现在的安逸享乐追悔莫及。认清现实，整理好自己的行囊，就算前路荆棘满布，我们也要勇敢前行。这个世界上有太多的未知，每一步我们都要仔细思量。成功绝不是一蹴而就的，但是失败绝对可以一击即溃。生命中的每一个转折，乃至每一个细节，我们都要细细揣摩，不要因为一次失误，而满盘皆输。

不能靠心情活着，而要靠心态去生活

心情与心态是两个完全不同的概念。虽然只差了一个字，却有着天壤之别。

心情是短暂的，是喜悦，是哀怒，是悲恐，是忧惧，都是一时的变化。心态则是一种恒久的人格特征，在心态的影响之下，人会纠正不良情绪，朝着自己预设的方向前进。

聪明的人懂得如何靠心态生活，而不是靠心情活着。生活中，我们常常会遇见一些很容易大喜大悲的人。这样的人并非愚蠢，只是心智还不成熟，虽然身体已经是一个成年人，但是心理上依然是个孩子。他们的情绪起伏不定，会因为得到一个小小的东西而欢天喜地，也会因为一点鸡毛蒜皮的小事而大发雷霆。

靠心情活着的人往往都是人格不稳定的。他们没有健全自己的意识，如蒙眼的鸟儿，永远不知道下一步的遇见会对自己造成什么样的影响，也永远不知道该怎样应对生活加给自己的种种磨难。大喜大悲，大起大落，都是这种人的特征。

靠心态生活的人，会宁静豁达，看庭前花开花落，随天外云卷云舒，风雨雷电，我自岿然不动。这样，无论遇到什么都能依靠自己的理智做出最好的判断、最好的选择，将命运牢牢掌握在自己的手中。面对生活的阴晴圆缺，最好的状态莫过于接受世界的不完美，但仍旧相信美好。

西方文坛巨匠卡夫卡的一生就是由"靠心情活着"到"靠心态活着"转折的一个成功典型。少年时期的卡夫卡，是一个敏感的文艺青年，生活中的点点滴滴、有意无意的小事情都会使他思量许久。心思重，则忧虑生，所以他经常会处于忧虑之中。

一天，因为同学的几句不经意的话，卡夫卡怒从心生，但又无处发泄，于是跑回家里的苹果园中，坐着发呆。他的爷爷早就注意到孙子的异常，他来到果园中，拍拍卡夫卡的肩膀，什么话也没说，沉默了一会儿，然后指着一棵枝干粗糙的苹果树和一棵枝干细腻的苹果树说："你觉得这两棵树有什么不同？"卡夫卡抬头看了看，说："一棵粗糙，一棵细腻。"

爷爷有深意地笑了笑，说："这棵皮质细腻的，尽管漂亮，但内在空虚，只能结出几个苹果，而那棵皮质粗糙的，尽管不好看，但经历过许多风雨，内在坚硬，每年都会结好多的果子。一个人最重要的东西，就是内在的心态，只有善于自我反省，才能成为不俗之人。你有一颗敏感的心，敏感固然好，敏感能带来细致，带来艺术灵感，你的观察能力是很好的。但过分敏感就会使人多疑，多疑则会影响你的人际关系，这就是不好的，如何保持细致，而不多疑，你要好好想一想。"

卡夫卡听了爷爷这意味深长的话，心中豁然开朗，黑暗阴郁的世界瞬间被一盏明灯照亮了。从此以后，卡夫卡虽然还会因为一些小事郁闷烦心，但他学着用爷爷的话打压那个"恶魔"般的自己。渐渐地，他能"操控"自己的大部分情绪了，随着年龄的增长与人生阅历的增加，他的人生经验逐渐丰富，并写出了旷世奇作——《变形记》。

在我们的现实生活中，有很多"少年时期的卡夫卡"，他们敏感而脆弱，别人一句不经意的话，到了他们耳朵里就会产生各种奇异的效果。他们的想象力似乎异常丰富，心情常常大起大落。他们会把自己的想象转化成滔滔不绝的抱怨，向身边的人诉说个没完。

怨天尤人的情绪会使人产生一种"愤世嫉俗"的感觉，仿佛自己脱离了这个世界，不屑于向任何人妥协。实际上，人们每消极抱怨一次自己的处境，就会离"世俗"深渊更近一步，以至于视野越来越狭窄，再也无法突破自己。抱怨就像一条锁链，自己把自己锁在痛苦的一隅。明明是在自己施加的阴影里画地为牢，却拼命指责这个世界充满不公。

时间是治愈一切痛苦的良药。只不过有的人能用很短的时间就走出痛苦的阴影,而有些人却用很长时间。当一切变得风轻云淡,你就会发现,曾经拼命想要得到的东西,已经毫无价值,曾经怎么也放不下的人,已经成了一个若有若无的梦。而生活,还在继续。人们常常慨叹幸福不是永恒的,其实,痛苦也不会永恒。

有一项研究表明,人在沟通的时候,七成是在交流语气,三成是在讲内容。人为万物之灵,当然有自己的个性,沟通个性就是情绪化。

只有不被情绪化的东西束缚住的人,才能理性思考、理性分析、理性判断、理性计划、理性地实现自己的目标,获得成功。成功不是最终追求,最重要的是稳定自己的心性。有了稳定的心性,人就会看淡无所谓的琐事,反之,无所谓的琐事也就不会找到我们了。有了稳定的心性,人就会为自己的未来做好打算、做好计划,分清层次,积累德行,实现预期目标的可能性就要大得多。

生活中,我们唯有摆脱心情的藩篱,才能获得持续平稳的心态。

良好的心态，在我国古代是从小培养的。孩子6岁启蒙，后入私塾学习四书五经，写文章。这种方式是好是坏，我们不是那时候的人，难以确定。但可以确定的是，没有经过传统文化教育熏陶的人，同样可以从四书五经这些典籍中感悟到很多人生的道理。用自己的经验去观照"大道理"，这是中国人得天独厚的天性，我们要学会利用，一旦掌握，终身受用。

良好心态的养成是随着生活阅历不断进行的。孔子曰："见贤思齐焉，见不贤而内自省也。"在学生时期，与心智不成熟的人交往，我们能很好地学习一些反面教材。在社会上，与成熟的人交往，我们不仅能学习他们的交际技巧，还可以反省自己有没有这些人的缺点，这都是很好的方法。

当代著名的文学家兼哲学家徐子健先生曾经在一次演讲中提到："我们一定要学会为自己，这不丢人，且是生存的必须，一个不知道为自己打算的人，怎么能让自己立在世界上呢？一个立不起来的人，怎么可能会立别人，帮助别人，为这个世界的公平和正义去奋斗呢？我们要为自己，物质上要为自己，心态上更要为自己，这样，哪怕物质上一无所有了，我们的心态还是会拯救我们。"

心态是一种生命的沉淀，是一种激滟的宁静。

总有人问"人活着是为了什么？"有人说，世界上最大的讽刺，莫过于你明知道避免不了死亡，但还是要活下去。人之所以活着，不是为了那个最后的死亡结果，而是为了享受生命的美好过程，为了创造人生的价值，即便生命陨落，人世间依然留有你的痕迹。给自己一个良好的心态，才能更好地把握人生，把握专属于你自己的精彩。

如果观察一下身边那些成就斐然的人，你就会发现，他们很少发牢骚，而是注重实际，不为鸡毛蒜皮的小事所困扰。强者大都有刚健的性格，因为唯有积极面对生活的丑恶，找到释放自己本质力量的途径，日复一日，年复一年地坚持去做，才能得到我们想要的东西。

成年之后最好的状态，是面对事情时的沉着、从容及冷静。而面对身边人的时候，应有孩童一样单纯的微笑。

阳光即使穿过缝隙，也可以温暖生活。不为过去牵绊，不对未来恐惧，多努力，才是生活最质朴的模样。有时候，决定一个人生活品质的关键，就是如何对待遗憾。

成年并不等于成熟

古时候，20 岁的男子会行冠礼，称为加冠。今天，国家的法律明文规定，18 岁以上的人叫成年人。也有人认为，中国人的成年年龄，应该在 23 岁到 24 岁——大学生毕业的年纪。

成年并不意味着成熟。成年人和孩子之间有什么不同？估计人们给出的最多的答案，是一个被提及无数次的词——成熟。是的，正常的成年人都会有成熟的特质，但是事实上，很多成年人并没有成熟，尽管他们都已成年。

在很多人身上，我们看到了这样一个奇怪的现象：成年与成熟不对等。这种身体与心灵的不协调，让人们找不到人生的航向，迷茫、困惑，如同重重迷障，拦住了眼前的路。书中的道理，我们看过千百遍，然而那些文字只是浮于心灵的表层，无法融入自己的血液。就像电影《后会无期》中的一句经典台词：听过很多道理，却依然过不好这一生。

成熟，是懂得真诚地生活，懂得积极地架构自己的内心世界，人是为自己而活，不是为别人而活，若是为了别人眼中的高贵优雅、谈吐大方、温和懂事、通情达理，故作大度、理解、关怀、体贴，不带有一丝一毫的感情，反而令自己感到疲惫和乏味，生活岂不是太辛苦、太为难？

成熟的概念，在每个人的生命里有着不同的定义。有时候，成熟是一个漫长的过程；有时候，成熟是某一个瞬间。很喜欢余秋雨先生在《苏东坡突围》的结尾处对成熟的形容："成熟是一种明亮而不刺眼的光辉，一种圆润而不腻耳的音响，一种不再需要对别人察言观色的从容，一种终于停止向周围申诉求告的大气，一种不理会哄闹的微笑，一种洗刷了偏激的淡漠，一种无须声张的厚实，一种能够看得很远却又并不陡峭的高度。"

这才是真正的成熟吧！

每天大呼小叫地标榜着"我成熟了"的人，一定是不成熟的。只有经过岁月的淬炼，懂得了生命的真谛后，才明白成熟是一种心态，也是一种人生的高度。

有人以为成熟就是世故，能够熟稔地游走在各种人际关系之中，任凭世俗磨去昔日的棱角，脸上永远挂着僵硬而冷漠的微笑。实际上，那并不是成熟，而是一种精神世界的衰退。

每个人身上都有一些棱角。那些棱角是我们的标志，或许在青春年少时，棱角总会给我们带来各种各样的麻烦，但是在融入社会后就会发现，棱角也会为我们指引人生的航向。

我曾经看过这样一幅漫画：几个不规则的方块和一个圆球一起走路，圆球本来也是方块，但是为了走得更快，就将自己的棱角全部磨掉。漫画旁边配上了一句发人深省的话：磨去棱角虽然会比别人走得更快，但是到了下坡路也会比别人滚得更远。

我们需要棱角，但有时候也不得不承认，棱角就像刺猬身上的刺，在保护自己的同时也刺伤了别人。其实，我们可以给那些棱角加一些保护套，将它们巧妙地隐藏起来。不要轻易地被世俗打败，卸去属于自己的棱角。真正成熟的人都是有个性的人，虽然他们的个性很强烈，却并没有人因此怨恨他们、厌恶他们。

成熟不是妥协，不是盲目，不是强迫。那是一种自然而然形成的状态，像山间由高处流向低处的泉水，像随风轻轻摆动的柳枝，像寒冷天气里人们口中哈出的雾气，像阳光晒在身上的温暖。如果妥协即成熟，那真是天大的玩笑。

而成年后的种种执与迷，说的就是这种对成熟的执念与沉迷。

执与迷都是走向成熟的障碍。我们经常发现，很多人潇洒地转身，潇洒地离开，然而，他们真的放下了吗？有多少人面容平静，内心却无比翻腾。他们学会的只是控制自己的表情和动作，不让人看出感情的波动；他们学会的只是控制自己的语音和语调，不让人听出情绪的起伏。他们能够忍耐人类本能的反应，一边心痛，一边微笑，看起来淡然优雅；一边愤怒，一边镇定，看起来波澜不惊；一边狂躁，一边温和，看起来彬彬有礼。

可是，他们骗不过自己的内心。回到一个人的空间后，他们也会泪崩，也会怒吼，也会摔打，那些平日里制造出的外壳瞬间被打破，本性得到了释放。释放之后，整个人都变得轻松许多，再想想平日里的自己，无奈地摇头，然后再次穿起华丽的衣裳，扬起无力的嘴角，整理脸上的泪痕，收起满心的情绪。

执念不等于执着，执着让人有勇气、有动力，执念却让人有求而不得的痛苦和无尽的嫉妒。执念，说得简单些是想不通、放不下、看不开，是一种不肯放弃的念头，也仅仅是一种念头而已。有执念的人往往会因为一件事、一样物或一个人纠结一生，这份纠结无论怎样都无法消除；他们的心中有着一个欲求不满的缺口，无论如何都无法将它填满。

生活中，我们常常因为放不下，所以也拿不起。太过刻骨的执念，让我们深深地沉迷、沦陷，那些自以为是的小天地禁锢了我们的双脚，所以很多人明明年纪已经不小，却还是天真地固守在个人世界的一隅。

拿不起的根本原因往往不是个人能力问题，而是放不下。放下是一种心态，也是一种境界。不过，真正的放下也并非刻意地完全不去理睬，不在意身边的人和事，对一切事情漠不关心、冷眼旁观，也不是不付真心，把一切来去都看成昙花一现。放下，是一种内心的感悟，看清楚这是怎样的一个世界，然后让自己变得更好。

当执念不在，才会更清楚自己真正要的是什么，才能不被现实中的一些假象所迷惑。当执念散尽，才能用一颗平常心去面对生活，面对世界，面对他人，面对自己。这时，我们会发现，世界比我们之前看到的美丽许多，生活也比我们之前经历的容易许多。

很多时候，很多人，为了苦苦追求一件不属于、不适合自己的事物，放弃甚至推开了许多珍贵礼物。执念中的人们，时常感到很累，很不快乐，感到很失败，叹息为什么努力了那么久仍然一无所得。

不如，该走的让它走，不强行留下；该来的让它来，不刻意拒绝。顺其自然的人生，往往会比因执念而追求的人生更快乐；顺其自然的感情，往往会比强求而来的更幸福。

佛家认为，参禅有三重境："参禅之初，看山是山，看水是水；禅有悟时，看山不是山，看水不是水；禅中彻悟，看山仍是山，看水仍是水。"人生也有类似的三重境。

儿时的单纯让我们"看山是山，看水是水"，对世界的认识是直白的，眼中的一切都是简单的，看不到光芒中的黑暗，也看不到微笑中的悲伤；渐渐地，我们成长了，我们经历了，于是我们"看山不是山，看水不是水"，我们习惯挖出背后的真相，执着于还原事情的真实；只有我们真正成熟后，我们才会"看山仍是山，看水仍是水"，经历太多沧桑后,我们的心沉淀了、释然了,穿过那些干扰的迷雾,看到了本质。

人们总说,越长大,接触得越多,烦恼就越多。却不知,烦恼其实是庸人自扰。

当我们见到越来越多比以前好的东西,知道这世上还有多种比以前更好的生活,心中的羡慕与向往总是情不自禁地油然而生。然而你是否想过,那些东西和生活是否适合自己呢?

行走人生路,需要开阔眼界,而不是增加欲望。世上美好的东西太多了,没有人能够将它们全部占为己有,每个人都有机会拥有最适合自己的,所以不需要强行追求他人的。

见过了大千世界的种种,接触到了,感受到了,体会到了,却没有迷失自己的心性,仍然发现了真实的自我,获得了精神世界的丰收。这才是真正的成熟。

经得起喧嚣,受得了委屈;经得起诱惑,扛得住责任;

耐得住寂寞，扔得下烦恼。心胸豁然开阔，自然会不计较眼前的微小得失，不与人盲目比较，不心浮气躁，不目光短浅，如此，才能成事。

第八章

梦想实现不容易，
但我们仍要全力追逐

小道理可说，大道理沉默

著名歌手张国荣有一首歌，名字叫《沉默是金》。人们喜欢这首歌，不仅仅是因为其美妙的旋律，更因为其深刻的歌词。"是错永不对，真永是真，任你怎说，安守我本分，始终相信沉默是金"，"笑骂由人，洒脱地做人"……对于广大歌迷来说，这已经不仅仅是歌词，随便拿出一句来，便可以当作自己一生的座右铭。

这是一个喧嚣的世界，虽然很多人依然记得多年前的那首《沉默是金》，但是心中总是无法安静下来。浮躁的心，让人们满面铅华，真实的内心被种种牵绊重重包裹。有时候，虽然也想沉默一下，但是下一秒，就被现实卷进了喧嚣的洪流。

人们总是在拼命地表达着自己的看法与道理，却忘了聆听他人的心声。于是，说话的人越来越多，倾听的人越来越少；指挥的人越来越多，真正干活的人越来越少。

泰戈尔曾说："杯中的水是亮闪闪的，海里的水是黑沉沉的。小道理可用文字说清楚，大道理却只有伟大的沉默。"

其实，只有小道理才会成为人们吵得不可开交的焦点，面对大道理却只有沉默。

有这样一个寓言故事：

农夫家中养了一只叫多利的狗。一天，多利跑出去玩，结果迷了路，误入了狼群。与那些凶残的"同类"们在一起，多利害怕得要死。它不敢说话，生怕一张嘴就漏了馅儿。为了避免生出祸端，它决定缄口不语。只要它不说话，从外形上看，它与狼没有什么差别。

就这样，多利与那些狼相安无事地共处了两天。不过，一头高大的狼还是发现了它的异样，为了试探一下，它问多利道："你是我们的同类吗？"

多利虽然心里非常害怕，但是依然装作一副深沉的样子，只是点了点头，没有说话，然后就镇定而骄傲地看着远方。

那头高大的狼更加奇怪了。晚上，它找到狼王，说出了自己的疑惑。狼王在战斗中受过伤，视力不太好，也没看清多利与别的狼有什么不同之处。但是它不想被别的狼知道自己视力不好的事情，便威严地反问道："它不是狼是什么？"

高大的狼盯着多利看了半天，忽然指着它的尾巴说："你看，它的尾巴和我们不一样！"

狼王为了掩饰自己的视力问题，便故作严肃地解释道："它的尾巴是和我并肩作战的时候受伤的，你们应该多多尊重它。"

有了狼王的解释，那头高大的狼再也不敢多话，大家都对多利刮目相看。

几天后，多利终于找到机会逃出了狼群，回到了农夫的家。

有时候，沉默要比大声地解释更有价值。就像诸葛亮的空城计，面对司马懿的千军万马，他依然能坐在城楼上气定神闲地弹琴。只是，我们常常无法承受严峻形势的逼迫，在问题面前，自乱了阵脚。

人与人之间说话的声音大小与心灵的距离是成正比的。如果两个人心灵的距离很远，那么只有大声叫喊，才能让彼此听见；如果距离很近，只需轻轻耳语，便能彼此了解。当两颗心紧紧地靠在一起时，无需语言的交流，彼此便能知晓对方的想法。

所以，当你沉默时，才是与别人距离最近的时候。在问题与矛盾面前，我们没有必要大失体统、毫无风度地争吵，保持冷静的态度，在沉默中思考，才是解决问题的最好途径。

真正有才华、有能力的人不会吵吵嚷嚷的，逢人就卖弄自己的学识。只有那些浅薄的人，才会越是缺乏什么，越是拼命地炫耀什么。

中国有句老话，"祸从口出，病从口入"。很多是非，都是因为说多了话而引起的。不说话不代表你没有想法，恰恰相反，有时候越是沉默的人，内心反而越是丰富。

老巷尾的木雕铺总在晨光里飘着檀香，手握刻刀的陈师傅比巷口的石狮子还要安静。路过的街坊总说这男人像块木头——他守着祖传的手艺几十年，没开过一次直播，没在朋友圈发过一张作品图，连给顾客开收据都只写歪歪扭扭的名字。

只有常来送木料的老周知道，这沉默的匠人床头摆着本磨破的笔记本，画满了白露清晨梧桐叶的脉络、霜降时卖糖炒栗子老汉皲裂的手掌，甚至巷口阿婆补袜子时弯曲的食指弧度。这些旁人看不懂的速写，在陈师傅眼里都是木头无声的语言。

转机总在不经意间。一天，某博物馆送来半幅残破的木雕屏风，清末匠人刻的"渔樵耕读"缺了"耕"的部分，遍寻业内高手都摇头——老匠人用的"隐刻"技法，线条藏在木纹走向里，现代仪器都扫不出头绪。陈师傅盯着残片看了三天，第四天清晨带着磨得锋利的五把刻刀走进工作室，不一会儿，木屑纷飞，宛如化蝶。

修复完成那天，馆长对着新刻的"耕牛踏春泥"屏气凝神——牛蹄溅起的泥点里藏着稻种萌芽的纹路，农夫挽起的裤脚边，竟刻着三只振翅欲飞的萤火虫。这些在显微镜下才能看清的细节，正是陈师傅在笔记本里画了千百遍的故乡春耕图：田埂上阿娘插的秧苗、夜归时灯笼映出的虫影。这些景象都在他日复一日的沉默观察里，化作了刻刀下的春秋。

如今老巷口的木雕铺依旧安静，陈师傅还是不爱说话。但当那幅修复的屏风在文物展上惊艳四座时，人们才发现，这个总被忽视的匠人，早把几十年的晨光暮色、市井烟火都刻进了心里。就像他工作室梁柱上的暗刻——那是用极小的字体刻着《诗经》句子，没人知道他是什么时候刻上去的，只知道每个看过的人都忽然明白：最深的海从不喧哗，它只是把所有的星光，都藏在了翻涌的浪花里。

沉默是金，也是人生的一笔财富。它潜藏在每一个人的心里，只是很多人都没有发现，也无法好好地把握利用这笔珍贵的财富。总有人不停地抱怨自己考试为什么没有通过，抱怨自己为什么没有别人漂亮，抱怨自己的工作为什么这么辛苦……其实，与其抱怨，不如冷静下来，闭上嘴巴在沉默中精进。

要学会适当的孤独

人生路途,每个人都该拥有独行的时光。信任自己的双脚,跋涉远方,面对自己的内心,坦然前行。

事实上,许多人惧怕孤独,仿佛与自己的灵魂单独相处,像是一种酷刑。时间的指针变得缓慢,呼吸变得绵长,空气中像是有了一个巨大的黑洞。

如果很多人在一起的娱乐,才能证明一个人的存在,那这恰恰证明了一个人存在感的微弱。其实,一个人是否自信或是否足够优秀,看其能否享受孤独,就是一项重要指标。

不错,人是群居动物。我们见过太多人,花费了大量时间,才学会穿着得体的衣装,出席各种酒局与牌局,拥有别人认可的汽车和手表，把自己活成了大多数人认可的样子。

存在的意义，在他们的眼中，就是复制，就是追随。

而这样的塑造，注定是可悲的。越害怕孤独，反而越无法挣脱孤独。金钱、朋友、权力、爱情，都无法填满心里的失落。

事实上，孤独是财富，是必须拥有的独处时光。在拥挤的人群里，我们偶尔需要抽离自己，站在旁观者的立场，去看待自己的选择，活得更透彻。

孤独是自己与自己的对话，也是独立思考的形成与巩固。它会让我们懂得聆听，但又保持自己的判断，不过分在意他人的看法，以及流于世俗的各种言论。

成熟的心智往往是在孤独中培育起来的，当世界停止喧嚣，人们才有机会直面和审视自己的心灵。孤独不是自闭，不是逃避，而是在心灵里留有一片足够让自己沉淀的净土。

对于孤独，有一个形象生动的比喻：社会人群就像一堆火，明智的人在取暖的时候懂得与火保持一段距离，而不会太过靠近火堆；后者在灼伤自己以后，就一头扎进寒冷的孤独中，大声地抱怨那灼人的火苗。

人生本是单行道，虽然很多人依赖群体，但生命本质上仍是一个人的修行。

我们可以为陌生人点燃一支烟，谈谈汽车与红酒，但要记得，那只是生活的点缀。比起面具化的社交，我更喜欢一个人纯粹的寂静和思索。

在霓虹灯中穿梭，谁能看见自己的影子？在纸醉金迷间沉浮，谁能听见自己的梦想？如果匆忙是永恒的附属品，那么静静仰望一片天空，深情聆听一朵花开，认真品读一句诗歌，是否都已经成了奢望？

我们把少得可怜的独处时光交给电视、网络或娱乐场所，于是，孤独成了一种越来越难以企及的精神境界，寂寞成了一种越来越深刻的心灵危机。

"要么庸俗，要么孤独"，这是叔本华的理想境界。当然，对于现实世界来说，未免苛刻。如果做不到，倒不如一分为二，将一半庸俗留给世俗，另一半孤独留给自己。

有些人想方设法排解寂寞与孤独，也有些人想方设法摆脱庸俗与喧嚣。这都是一种平衡。

有人独自面对孤灯，却内心充实；有人夜夜笙歌，心中仍有无边寂寞。可见，孤独不是一种选择，而是一种必然，不在于你在什么地方或者与什么人在一起，而在于你用什么样的心态去看待自己。曲终人散后留下的空虚，往往比孤独本身更可怕。

少些浮躁，多些安宁，不亦乐乎。

梦想留给有勇气的人

让你后悔终生的，往往不是你做过的事情，而是你没有做的事情。

很多人的梦想还未诞生，就已"胎死腹中"。这不是因为现实的扼杀，而是因为勇气的匮乏。每个人都曾有过梦想的冲动，但是付诸实践的很少。因为种种忧虑，浅尝辄止，最终放弃。

生活中少有担心鱼刺就不肯吃鱼的人，但是不乏担心挫折就不肯实践梦想的人。他们总是畏首畏尾，对梦想明明渴望不已，却从来不敢尝试。为了掩饰心中的懦弱，他们还要为自己找很多冠冕堂皇的理由，比如"时机还不成熟""我要忙的事情太多""亲戚朋友不赞成"……

第八章　梦想实现不容易，但我们仍要全力追逐

年轻人就该有年轻人的勇气与毅力，就应该敢作敢当，为梦想放手一搏。勇敢做、勇敢错，抛开那许许多多的顾虑，为了心中的梦想好好地拼搏一场。唯有认真过、奋斗过，才不会在自己的人生中留下无法弥补的遗憾。纵然你被鱼刺卡到了，但是你还是尝到了鱼肉的美味。这种经历，这种感受，是别人无法体会到的。

我想起一个广为流传的故事：

一个从未看见过海的人来到了海边，那里正被雾气笼罩着，天气很冷。望着波涛汹涌的海面，他不禁感叹道，我不喜欢海，幸亏我不是水手，做水手真是太危险了。

正好这时候，海岸边有一个水手，他们便交谈起来。他问水手："你怎么会喜欢海呢？这里有潮湿的雾气，又有寒冷刺骨的天气。"水手回答道："海不是经常都有雾又寒冷的，有时候，海是明亮美丽的。不过，不管什么样的天气，我都喜欢海。"水手还告诉他，"当一个水手热爱他的工作的时候，他不会想有什么危险，我家中的每一个人都非常喜欢海"。

那个看海的人继续问水手道:"你父亲现在在何处呢?"

"他死在海里。"

"你的祖父呢?"

"死在大西洋里。"

"你的哥哥——"

"他在印度的一条河里游泳时,被一条鳄鱼吞食了。"

听到此,看海的人说道:"如果我是你,我就永远也不到海里去。"

水手听后反问他道:"你愿意告诉我你父亲死在哪里吗?"

"啊,他在床上断的气。"看海的人说。

"你的祖父呢?"

"也是死在床上。"

"这样说来,如果我是你,我就永远也不到床上去了吗?"

第一次读到这个故事还是在我中学的一本语文练习册上,故事被当成一个小阅读刊载出来,最后一道题是问这篇短文说明了什么道理。

这个简单的故事给了我很深的震撼，以至于多年以后，我依然能清晰地记得这个故事。

有时候，我们就像故事里看海的那个人一样，因为害怕海浪而拒绝了整片海洋，因为一次雾气凝重、天气寒冷就否定了各种天气下的海洋。

生活需要不停地挑战与接受挑战，需要勇敢执着地为梦想前行。失败并不可怕，可怕的是没有面对失败的勇气，在挫折面前滞留不前，甚至一蹶不振。有些人甚至还没有触碰到风险的边缘，就已经吓得打了退堂鼓。

你是否想过，当你放弃一个梦想的时候，你究竟在害怕什么？

其实，最可怕的不是挫折本身，而是自己的心态。如果你的内心在不停地向身体传输"我很害怕"的信息，你的身体就会止步不前。如果说吃鱼，那么避免不了会存在被鱼刺卡到的风险。有些事情，就算你明知道没有危险，但是最后你还是不敢面对，追根溯源，就是你不够勇敢。

勇敢是一种姿态，而决定这种姿态的，是你的心态。

有人总是把自己卑微到尘埃里，仰视着别人的成功，在羡慕与嫉妒中自怨自艾。他们的条件并不差，只是少了一份勇气。大学毕业时，我的几个同学合伙开公司，现在已经小有规模。常常有同学说羡慕他们，说自己也想开公司创业，但是前一天晚上还热血沸腾地说着自己的梦想和对前景的展望，第二天就继续骑着电瓶车上班去了。

既然心中有梦想，为什么不去实践呢？机会留给有准备的人，而梦想则留给有勇气的人。只要你有勇气去追求你想要的生活，人生就一定会向着你想要的方向发展下去。

每个人的生命轨迹都不是注定的，就像手上的掌纹，无论它们有多么复杂，毕竟还是在你的手掌上，要记得用手掌控制掌纹，而不是掌纹控制手掌。我们是梦想的主人，要勇敢地去追求、去挑战，而不是梦想的奴隶，卑微地躲在生命的一隅，不敢触碰梦想的万丈光芒。

人生苦短，为什么不勇敢一些，去追求自己喜欢的生活？

第八章　梦想实现不容易，但我们仍要全力追逐

很多人一辈子省吃俭用，舍不得吃舍不得穿，喜欢的东西也舍不得买，结果却把一生的积蓄全部花在了生命里最后几天的病床上。甚至有人还来不及花，就把那些钱变成了令子女们争抢的遗产。

这是多么不值得！

有人舍不得倒掉剩菜剩饭，结果每一顿都在吃剩菜剩饭。生活的好坏，总是由自己决定的。只要你想去做，就认真地去做，没有必要犹豫。有人在经过几番激烈的思想斗争后，最终还是选择了放弃，给自己留下一生的遗憾。

有人想去旅行，但是想了好久，还是没有勇气背起行囊。因为还没有出发，他们就开始担心，如果遇上刮风下雨的天气怎么办？如果找不到路怎么办？如果遇到小偷怎么办？如果被人绑架了怎么办？……那些顾虑就像一条条钢丝绳，将心中最初的愿望死死地捆缚起来，最初的憧憬也成了梦幻泡影。

大四的时候，体育学院的一个男生王超发起了一个活动：号召喜欢旅行的同学和他一起开始千里骑行。一开始，

很多人都非常感兴趣，各个学院报名的人加起来竟有一百多人，其中甚至有不少女生。这一百多人开始为历时一个月的骑行准备，最主要的一项准备，就是买自行车。结果仅仅是准备这一项，就有百分之八十的人打了退堂鼓，只剩下23人，他们买了自行车、帐篷等物，然后开始了"千里之行，始于轮下"的骑行。

王超率领着这支队伍从长春出发，计划骑行到北京。结果第二天，就有12个人返回了学校，原因是晚上在公路旁边搭帐篷被蚊子叮了满身大包，连眼皮都没能幸免。

剩下的那11个人继续前进。4天后，又有6个同学回到了学校。原因是他们已经骑行到了沈阳，实在太累，不想再坚持下去了，何况从长春到沈阳，他们已经完成了一站地，算是打了一小场胜仗，所以直接"凯旋"了。

那支最初有一百多人的队伍，只剩下了5个人。当然这还不是最后，到最后，这支队伍只剩下了1个人，就是王超。其余的4名同学后来也是在中途就返回了，只有王超1个人坚持用9天时间骑行到了北京。他发了一张照片给大家看。照片上，他比出发前黑了很多，但是显得格外结实，腰杆挺得很直，一只手高高举起了伴他千里骑行的最后伙伴——自行车，一只手做着"胜利"的手势。

那些原本也参加了骑行活动却没有坚持下来的同学羡慕得要命，甚至蠢蠢欲动地想再来一次骑行。

其实人生也如同一场骑行，很多人都有自己的目的地，只是因为缺乏勇气，所以只好放弃。当那些曾经同路而行的伙伴抵达了成功的巅峰时，他们又羡慕不已，可羡慕之后就继续着自己松松垮垮的生活。

每个人的一生都是由一堆琐碎堆砌起来的，只不过有的人把一生的琐碎堆砌起来就是伟大，而有的人把一生的琐碎拼凑起来还是琐碎。勇敢的人总是敢于梦想，并敢于实践梦想。无论是关于爱情的梦想，还是关于事业与人生的梦想，他们都有一个清晰的方向，并为着这个方向而努力前行。无论有多少风雨，他们都持之以恒地坚持。懦弱的人只会空洞地幻想，在一个自我的、封闭的狭小空间里浮想联翩，有时候还会为自己的幻想情不自禁地笑出声来，仿佛已经实现了自己心中的愿望一般。

要记得，你的生活属于你自己，只要你愿意过高质量的生活，只要你相信自己的梦想一定会实现，你就一定可以做到。

天再高又怎样，只要踮起脚尖，就能更接近阳光。勇敢多一些，生命才会更美好一些，梦想才会更靠近一些，幸福才会更绚丽一些。就像你因为害怕风雨而躲在一个黑暗的屋子里，在躲避了风雨的同时，其实也拒绝了阳光。

勇敢一些，我们才会更快乐。

第九章

现实不可怕，
只要自己足够强大

越温柔，越坚强

至柔者，得天下。世界上最至柔至刚的，莫过于水。水把自己置于世界的最底部，所以才拥有了托起整个世界的力量。老子说："上善若水，水善利万物而不争。处众人之所恶，故几于道。"也就是说，最高境界的善行就像水的品性一样，泽被天地万物，却不争名逐利，总是处在人们注意不到的地方。

有人将其称为"水的哲学"，这也是我一直非常推崇的学问。

天地万物间，水是最柔的，却是力量最大的。因为无敌于心，所以才无敌于天下。因为与世无争，所以世上无人能与之相争。

水是一种至柔至刚的存在。火遇水则灭，木遇水则浮，金遇水则开，土遇水则软，虽然在五行之中，水是最微弱的，却是最有力量的。水的哲学，也是人生的真谛。当你越是把自己置于柔弱的地步时，你反而会越强大。

当你与客户商谈时，越是能聆听对方的观点，越是能取得成功。当你与一位成功者在一起时，越是把自己的位置放得低，越是能保持仰望的姿态，你越是能超越他，取得更大的成功。古往今来，每一位成功者都有自己的榜样，当别人取得成功的时候，他们总会保持着仰望的姿态，然后一心求索，努力去完善自己，提高自己。

空心的麦穗总是把自己的头骄傲地仰向天空，而成熟饱满的麦穗则会把自己的头深深地低下来，深情地凝视它的大地母亲。生活中，无论是有才华的人，还是没有才华的人，如果太过骄纵与自负，都不会受到人们的欢迎。

只有胸怀博大的人，才能包容万物，才能向着自己心中向往的方向一路前行。做一个从容而洒脱的人，不计较、不抱怨，生活里处处都会铺满阳光。最快乐的人，往往不是因为拥有得多，而是因为计较得少。

做人做事，应该懂得水的哲学。不要以为柔弱等于示弱，恰恰相反，柔弱正是另一种坚强。

越王勾践卧薪尝胆，甚至跪下来给吴王夫差当马镫。他忍辱负重，一直坚守着心中的信念。正是因为那些年的忍耐，他才能打败吴国，雪洗了曾经的耻辱。

无论岁月如何变迁，水总是有着自己的方向，并向着心中的方向奔流向前，高原也好，丘陵也罢，总是能执着地向前蔓延。我们常说"人往高处走，水往低处流"，水的确从来没有改过往低处流的方向，但是人常常忘了往高处走的目标。水可以穿越重重叠叠的山谷，百转千回，最终汇入汪洋大海。人却常常被诱惑与磨难绊住脚步，停滞不前，甚至走了下坡路。

水的坚持，让很多人望尘莫及。小小的水滴，可以日复一日、年复一年地坚持着最初的心愿，最终水滴石穿，将所有的平凡累积在一起，成为一个伟大的故事。

通往成功的路上，在最初的阶段总是人声鼎沸、熙熙攘攘，但是到了中段，人就渐渐稀少，人群也逐渐安静下来。再到成功的后段，就格外安静了，越是成功的巅峰，往往越是人迹罕至。因为最后坚持下来的实在不多。

成功，不仅需要勇气、能力，还需要毅力、坚持，如果半途而废，无论梦想多么光芒四射，那也只能成为一个无法实现的美丽泡沫。

水可以和其光，也可以同其尘。它干净透明，也能藏污纳垢，然后再通过自净能力恢复最初的纯洁。水能够自爱不贵，广为不争，所以才惠泽天下。水不争名，它只是默默地存在着，无声无息，却没有人离得开它。

缺乏存在感的人总是喜欢将自己显露出来，恨不得让全世界都注意到自己。其实，如果你想让谁注意到你，很简单，只要让他离不开你就可以了。

越是喜欢通过吵架来解决问题的，反而越是会把问题闹大。没有人愿意和一个小肚鸡肠的人共处一室，夫妻也好，朋友也罢，抑或同事，都是如此。

其实，如果你仔细观察，认真思考，就会发现，古今中外的成功人士，都在不知不觉中践行了"水的哲学"。虽然他们未必都知道老子，未必都听过"上善若水"的道理，但是他们的脚步始终在印证着"水的哲学"。

只有拥有了水的品质，才能获得最渴望的成功。老子在《道德经》中阐述了七善：居善地，心善渊，与善仁，言善信，正善治，事善能，动善时。夫唯不争，故无尤。

这是"水的哲学"的精髓。如果一个人具备了这"七善"，那么就可以无所忧患，成功也近在眼前了。

为人处世，没有必要太过张扬跋扈，有才华的人应该如此，没有才华的人更应该如此。

至柔者至刚。人生一世，如果参透了"水的哲学"，一定会成就自己辉煌灿烂的事业。至少，这一生会过得很快乐，不以物喜，不以己悲，在滚滚红尘中潇洒走一遭，何尝不是一种乐趣呢？

向外求胜，不如向内求安

哲学上说:"物质决定意识，意识反作用于物质。"然而，更多的时候，我们更容易被物质决定自己的意识，意识反作用于物质的时候总是很少。

物质表面的浮华，迷惑了人们的内心。所以越来越多的人更看重金钱，看重外在的物质享受。所以相恋多年的恋人，最后却因为没钱买车买房分道扬镳，所以朋友之间"谈感情伤钱"。

物质利益看似诱人，其实都是短暂的、微薄的。然而偏偏有人愿意为这短暂的微薄利益铤而走险，就算背弃道义也在所不惜。其实，这是何其不值。

最有价值的、最能给我们带来长远利益的，绝不会是那些短浅的利益。只有内心的纯善与灵魂的涵养，才是生命里真正的最大财富。

在一个团队中，常常会出现这样的情况：一个问题已经三令五申很多次，但依然存在，依然没有改变。同样的问题，总是会出现很多次，团队的领导者也做出了很多努力，但就是不奏效。

其实，这种问题就出在对外与对内上。他们只看到了外在的短暂的利益，做出的努力也都是表面的、浅显的，所以问题总是得不到根本解决。

前两天看到一则新闻：一个农村的外围出现了一段很长的"遮羞墙"，为的是将村子里简陋的房屋统统遮蔽起来。这种解决问题的方式，根本起不到效果，反而会引发更严重的问题。

无论是团队，还是个人，都应该把目光放在内部，只有向内求索，才能前路无忧。

那些封建王朝的衰落，都是从内部开始的。因为内部的结构出现了问题，就像从内里已经腐败的树，无论你再怎么为它浇水、施肥，都是无济于事的。问题总是由内而外出现的，所以在解决问题的时候也要由内而外地解决。

我有一个朋友在高中做班主任，虽然入职没几年，但是在教育学生上很有一手。高中正是学生身体与心理发育逐渐成熟的时候，谈恋爱的现象总是无可避免。她的班级里就出现了几对，但是她并没有像别的班主任那样去"棒打鸳鸯"，而是循循善诱，让他们以学习为重，对他们的感情问题也没有强加干涉，而是以过来人的经验告诉他们，如果是真心想在一起的话，那就一起好好学习，争取考到同一所大学。

我笑问她："你这样会不会误人子弟啊？"

她说："不会，现在的学生比我们想象的成熟得多，你越是压制他们，他们反而越是叛逆。教育他们最好的办法就是引导，让他们学会自己处理问题。高中生的义务是学习，是考上好大学，只要这个主流目标没有发生动摇，那么如果有一些能够促进他学习又能让他放松的途径，我觉得未尝不可。""最好的教育是让他们学会自我教育。让他们自己处理问题，这也是对他们的历练。"

向外求胜，不如向内求安。只有从内部出发，才能真正解决问题。

孩子闯祸的时候，家长一般会马上批评他，比较严重的时候甚至会暴打一顿。但是聪明的家长会告诉孩子，他为什么闯祸，这次闯祸给他们带来了多大的麻烦，以后该怎样去避免，等等。

这种教育方式同样也是向内求安的一种。无论是对待自己的孩子，还是对待自己的学生，或者对待自己的员工，都要记得向内求安的道理，只有从内部来解决问题，才能彻底将这件事做好。

有人喜欢模仿，以为只要自己表面做的与别人的看起来并无差别，就可以了。其实，这只是自以为是的聪明。模仿只能学来表面的、肤浅的东西，却无法把握内在的学问。所以，就算鹦鹉学会了说话，它依然是鹦鹉。无论是做人，还是做企业，光靠模仿是远远不够的。每一份成功，都必须有思想的支持。有独立思想的人，才能做到真正的成功，也只有独立思想的团体，才能做到真正的卓越。

我把职场中的领导者分为两种：一种是命令者，一种是带动者。命令者的特点是喜欢向别人下达命令，甚至把下达命令当成一种乐趣。他们喜欢看别人工作的样子，自己坐在那里，舒舒服服地端着一杯茶，笑眯眯地欣赏别人工作，有时候还会吹毛求疵地批评指教一番。

带动者则与命令者恰好相反。他们常常以身作则，以自己的努力工作来带动员工工作，让员工从心理上对自己产生折服的情结。员工的勤奋，不是通过施压来实现的，而是以自己的带动促使员工发自内心地勤奋起来，所以工作效率往往很高。

命令者的领导地位保持的时间往往不长，带动者却能前程大好，屡屡升职加薪。其实，命令者就错在从外部影响员工，长此以往，导致员工出现了逆反情绪。所以，他们的领导地位很不稳固。只有从内部来解决问题，才是"对症下药"；从外部来影响，只是"治标不治本"的方法。

《礼记·大学》中说："古之欲明明德于天下者，先治其国；欲治其国者，先齐其家；欲齐其家者，先修其身；欲修其身者，先正其心；欲正其心者，先诚其意；欲诚其意者，先致其知；致知在格物。物格而后知至，知至而后意诚，意诚而后心正，心正而后身修，身修而后家齐，家齐而后国治，国治而后天下平。"我们常常把这一段简化，直接说成"修身齐家治国平天下"，从修身，到平天下，这是一个循序渐进的过程。修身是基础，只有做到了修身，才能齐家，才能治国，才能平天下。

与其要求别人，不如要求自己。

每个刚出生的婴孩都如同一张白纸，简单无邪。只是后来的经历，成就了他们不同的人生。有人声名远播，有人功成名就，有人庸庸碌碌，甚至有人身陷囹圄。命运，永远是把握在自己手里的，你现在的拥有，是你曾经的渴望；你未来的命运，是你现在生活状态的延展。

要做到"修身"，就必须从生活中的一点一滴做起。在动物的世界，能够到达金字塔顶端的往往是两种：一种是苍鹰，凭着过人的天赋，展开翅膀飞到金字塔的顶端；另一种是蜗牛，一步一个脚印，经过漫长的时间，经过无数次的失败与重新开始，最终也抵达了金字塔的顶端。

苍鹰并不多，我们很多人只是蜗牛。但是，并不是每一只蜗牛都能爬到金字塔的顶端。只有那些坚韧不拔的、不屈不挠的蜗牛，历尽千辛万苦，才最终爬到了成功的顶峰。

机会总是隐藏在生活中的各个角落，能否发现，就在于你是否拥有一双睿智的眼睛。有人觉得小事情不足挂齿，殊不知，正是那些被你忽略的小事情，引导着别人走向了成功。

曾经有一位年轻人，在美国某石油公司工作。他的工作几乎毫无技术含量，就是巡视并确认石油罐盖有没有焊接好。每天重复着同样的动作，而且几乎不费任何脑力，这让他感到厌烦不已。他想换个工作，但一时间又找不到合适的。思来想去，他觉得要想在这项工作上有所突破，就必须找些事情做。

年轻人开始认真观察。他发现，每当罐子旋转一次，焊接剂就滴落 39 次。他想到，在这一连串的工作中，是否有可以改善的地方？经过一番冥思苦想，他忽然眼前一亮，如果将焊接剂减少一两滴，是否能节约成本？

经过一番思考与研究，年轻人研制出了"37 滴型"焊接机。但是试用后，效果并不好。不过，他并没有灰心，继续研制了"38 滴型"焊接机。

这一次，他的发明非常完美，虽然只是节约了一滴焊接剂，但是千千万万滴累积在一起，每年能为公司节省 5 亿美元的成本。

这个年轻人，就是后来的美国石油大王约翰·洛克菲勒。

当你认真观察这个世界时就会发现，希望与机会其实无处不在。即便是最平凡的小事，也可以酝酿伟大的希望。只有从内心做出改变，用心去观察，你才能看到一个绚丽多彩的世界。

飞过沧海的，不是蝴蝶而是雄鹰

在蝴蝶的梦里，世界是一个五光十色的花园。

那里繁花如海，阳光在晶莹的露珠上翩跹，每一个角落都充盈着馥郁的芬芳。那样美丽的梦幻世界，如同蝴蝶翅膀上的色彩，斑斓绚丽，异彩纷呈。

然而，现实世界的狂风骤雨却将蝴蝶的梦击得粉碎。在残酷的现实世界里，蝴蝶痛苦地发现，竟没有一方为它量身定做的天地，万种生物，千种环境，都在考验着它美丽而单薄的翅膀。

我们都曾是那只简单的蝴蝶。在现实的雨雪风霜里，有人幡然惊醒，也有人醉在自己的梦境里执迷不悟。

"蝴蝶飞不过沧海，没有人忍心责怪"，这是一句聊以自慰的句子，仅此而已。很多想象都是一种内心的谣言，信以为真了，就要接受心理的落差，以及一段漫长的调整。

飞越沧海，靠的并非雄心壮志，而是强有力的翅膀。所以与其做一只靠意念支撑自己的脆弱蝴蝶，不如抓紧时间，练就一双老鹰的慧眼和一对强壮的翅膀。扔掉幻想，正视现实，这在任何人的成长道路上，都是首要的事。事实上，有太多的蝴蝶，在惊诧于世事变幻的时候，都奔向了另一个极端，变成了只会聒噪的青蛙。

对很多事物抱有幻想，这是人类的弱点。幻想永远是幻想，终究只是梦中的景色。任何人的人生，都免不了悲喜交织，得失并重。鲜花与坦途固然令人心驰神往，但如何面对苦难与挫折，亦是必须修炼的功课。

生命里的每一场波折其实都是一笔宝贵的财富。如果生活恰巧掷出了失败的骰子，那么就用一个孤独的夜晚，品味人生的多种滋味，练就一身从烦恼丛中擦身而过的本领，欣赏旅途中的另一番风景。

面对现实世界的苦雨凄风，蝴蝶该做的，不是抱怨，也不是哀叹，而是正视这个世界，同时也正视自我。放下那些虚无缥缈的幻想，一步一个脚印地向前行，你会收获别样的精彩。

扔掉幻想，但请保留梦想。如果飞越沧海是终极的目标，那么，确定方向、分析条件、做好准备、调整心态，才是应该做的。永远别说"我做不到"，只管去做，摸爬滚打几年，答案自然就会出现。

有人在梦想的激励下奋勇向前，将炽热的青春燃烧成熊熊火焰，也有人在幻想的摇篮里不思进取，珍贵的时光还来不及燃烧就成了一片灰烬。

两百多年前，清代诗人屈复曾说过："百金买骏马，千金买美人；万金买高爵，何处买青春？"岁月的波涛翻卷而逝，两百多年后的今天，却依然有很多人躺在青春的温床上呼呼大睡，在幻想的国度里任凭时光逝去。

早在小学我们就学过"守株待兔"的故事：

宋国的一个农民每天辛勤地在田里劳作。有一天，一只跑得飞快的野兔撞在树桩上死掉了。农民捡起这只肥美的大兔子，非常高兴地想，如果每天都能捡到一只兔子，那岂不比耕田要好多了？于是他放下了农具，不再劳作，每天都守在那个树桩旁边，等待野兔出现撞死在树桩上。然而日复一日，岁月蹉跎，农民再也没有捡到野兔，田里的庄稼也荒芜了。

我们嘲笑那个宋人的愚蠢，却不知，很多人也正犯着和他一样的错误。

幻想是一种慢性毒药。人们之所以痛苦，就是因为想得太多，而做得太少。

牛顿被苹果砸中，进而发现了万有引力。很多人扼腕叹息，为什么那个苹果没有砸在我的头上呢？事实上，我们没有被苹果砸中，却很多次被杏子、桃子砸中，但是有多少人思考过呢？我们或是高高兴兴地吃掉了那个美味的水果，或是抱怨水果砸痛了自己的头，却从不曾思考过它为什么只向下掉落，为何不向上飞去。

如果那个守株待兔的宋人能够认真思考一下兔子为什么会撞在树桩上，然后想一想怎样去狩猎野兔，或许，这个故事就将变成一个励志故事，而不是两千多年的反面教材。如果他能变被动为主动，他收获的将不仅仅是美味的野兔，还有野鸡、野猪，甚至豹子、老虎。

年少时，我们总是认为自己浑身充满了力量，那是取之不尽、用之不竭的力量，那是能够改变世界的力量。但现实是残酷的，没有什么人能够一生一帆风顺。编织多年的美梦碎了，原来，外面的世界是如此残酷，虽然大，却没有为我们量身定做的天地。我们意识到自己曾经的幼稚，意识到盲目的乐观并不能为我们带来任何帮助，这令我们深受打击。

蝴蝶的力量太微弱，即使能够在花园中飞舞，即使能够飞过河流和湖泊，即使能够穿过密密的山林，但它们并没有办法阻止身体在狂风中飘摇，在暴雨中跌落。

凤凰涅槃，浴火重生。蝴蝶的梦，就像是年少时的美丽憧憬。总有一天，我们要微笑着珍藏它，然后以新的状态，面对未来。现实世界不是童话，那些完美的、理所应当的结局并不会总是出现在真实生活中。

在弱肉强食的世界里，让自己变得强大，才是唯一要做的事。蜷缩在不切实际的梦里，自然要被淘汰。不要抱怨，不要哀叹，快速让自己成长起来，而不是靠着心里那一腔激情，盲目地追求所谓的梦想。激情总有一天会退去，真正坚定的信念往往并不是依附激情而生。要相信自己，但也要明确自己的短板在哪里，努力将它"拉长"一些，再"拉长"一些。

刘勰曾在他的传世之作《文心雕龙》中这样说道："夫翚翟备色，而翾翥百步，肌丰而力沈也；鹰隼乏采，而翰飞戾天，骨劲而气猛也。"翻译成现代汉语就是：野鸡等色彩光鲜的鸟却只能飞百十步，因为它们肉多身重，鹰隼的羽毛不漂亮，但能够一飞冲天，高傲地翱翔，就是因为它们的骨力强劲、气势凶猛。

刘勰用生物学的朴素知识来论证作文章的道理，这句话旨在说明，文章的好坏不在于辞藻的华丽，而在于风骨的有无。这话也完全可以用来阐释我们的人生，飞过沧海的，不是蝴蝶，而是雄鹰，因为雄鹰有风骨、有力量，不注重外表的华丽，而注重内在实力的强大。

西方哲学中将人类的意识分为三部分：知、情、意。知代表了智商、知识，情代表了情感，意则是意志力，这三方面都发展的人，才是一个健康发展的人。

常言道，志不强者智不达，如果拥有了强大的意志力，我们就完成了从蝴蝶向雄鹰的转变。唯有心中有梦的人，唯有不辞劳苦的人，才能磨砺出丰满的羽翼，以雄鹰的姿态跨越沧海。

很多时候，真相总是比我们期望见到的残酷。让自己的心变得坚强一些，这样才能在困难和挫折到来时坦然接受它们、消化它们。当现实与我们想象中的世界不同时，我们才不至于手足无措，才不至于悲观颓废，才不至于一蹶不振，才不至于仿佛世界末日到来了一般。

第十章

**别人轨道上的火车，
永远去不了你想去的地方**

不靠别人的脑子思考自己的人生

在这个世界上,每一个人都是最特别的存在,每一个人都有其存在的意义。若是世上的人都长着相同的面孔、一样的身材,如同克隆出来的一批模型,这个世界岂不是少了许多色彩?若是世上的人都拥有同样的性格和爱好,这个世界岂不太枯燥无味?若是世上的人都拘泥于一种思想、一种意识,那我们岂不是活得没有任何趣味?

然而,非常遗憾的是,在成长的过程中,家人们常常会告诫我们,要学会适应环境,要学着收敛自己的锋芒。

我们听从了,于是每到一个环境,都努力让自己成为适合这个环境的人。到了池塘,我们便让自己变得像鱼;到了天空,我们便让自己变得像鸟;到了沙漠,我们便让自己变得像仙人掌；到了冰川，我们便让自己变得像一块冰。我们的脑中总会听到各种各样的声音，那声音细微而持久，一次又一次提醒着我们，要适应环境。时间久了，我们在新的环境中忘记了自己的本性，忘记了我们不是鱼、不是鸟、不是仙人掌、不是冰，而是活生生的人。

我们太在意别人对我们的看法，不想成为别人眼中的"另类"，于是努力地按照别人的评价调整我们的形象；我们将一些人的无心之言当成了嘲讽，于是努力地改变，想要赢得对方的认同；我们认为"过来人"的劝告总是有道理的，于是努力地模仿他们的思维模式，别扭却固执地坚持。

有人问国画大家张大千，您晚上睡觉时，胡子是在被窝里面，还是外面呢？张大千没有答上来，当天夜里就失眠了，顿时觉得胡子放在外面也不对，放在被窝里面还不对。这就是他人话语的力量。

如此看来，做自己有时候是一件很容易令人感到困惑的事情。也许有人会说，这个世界不需要特立独行的人，不需要太有个性的人。事实上，这是错的。

人类学家的观点认为，人不同于世界上其他物种的一个最典型的特点就是，我们除了本能需求，还有精神需求。换句话说，只有建立起一个完整的精神世界，才能在这个世界上宣扬自己的力量，成就自己的事业，而这个精神世界的标签，就是个性。

有许多艺术家在年轻的时候都是人们眼中的"小众"和"另类"，有自己的生活方式，虽然看起来不那么合群，有些标新立异，但这种独有的生活方式正是他们艺术创作的源泉。

他们过得随性，喜欢漂泊，远离常人眼中的幸福和安稳，可是这样的生活能够激发他们的灵感，有助于他们创作。无论其他人如何指摘，他们仍然坚持着自己的方式，没有被传统的礼教束缚住自己的脚步。

比如文艺复兴时期最伟大的艺术家之一——米开朗基罗。

米开朗基罗是个生活上的邋遢鬼，他性格上最大的特点就是，把一切与艺术无关的东西都抛在脑后，甚至是生活中的必需品。在教堂画壁画的时候，他会几天不眠不休，甚至不吃饭。有一次，一件作品完成后，他的靴子竟然和脚粘到了一起！这种对其他事物的无视，成就了他对艺术的执着，也使他成为欧洲文艺复兴时期的代表人物。

当然，我们不必把邋遢作为个性，不可以忽视基本的健康问题，也不必费尽心思地做一个偏执狂，我们需要的就是在这个千篇一律的世界中，架构起属于自己的精神世界。在这方面，儒家对奋斗与个性做出了很好的阐释，也有很多代表性的人物值得我们参考学习。

最为我们熟悉的是明初的宋濂，他在那篇传世之作《送东阳马生序》中详尽地描绘了自己少年求学的状况，冬日严寒，砚台上都结冰了，宋濂的手指不可屈伸，但仍然泰然自若，坚持学习，后来成为明朝开国的功臣。宋濂的学习靠的是一种毅力，一种性情下的毅力，这就是儒家的正统书生气质，有个性、有气场、有精神。

当一个人有着坚定的信仰和目标，清楚地知道自己需要什么、想要做什么的时候，很难被别人的思想左右，更难被现实的处境左右，如此一来，精神世界可以强大，又不至于失去个性。

世上流传着各种版本的心灵鸡汤，它们给人们带去了一定的慰藉，令人们看时恍然大悟，惊奇这样简单的大智慧自己为什么没有意识到。有些人开始依赖"鸡汤"，用那些"名言智语"给自己催眠，劝自己放下使自己痛苦的执念，劝自己不要再为了一些小事而纠结。

"鸡汤"能够温暖人们冰冷的心灵，让他们暂时忘却那些令他们痛苦的事情，然而这种温暖并不是永远的。很多所谓的"鸡汤"并非真的能够对人起到帮助作用，而是用一些编造出的故事分散人们的注意力，转移人们的视线，使人们心中产生一些对美好生活的憧憬和幻想。

看了很多，懂了很多做人的道理，却终究过不好自己的生活。因为在困苦的时候，你喝的是美味的"鸡汤"，而不是警示你、治愈你的良药。

良药苦口利于病。任何人的精神成长都不可能一帆风顺，当遇到困惑的时候，最需要的是苦辣辣的、涩口的药。

这药下肚，慵懒的思想会被浇灭；这药下肚，昏暗的理智会立马清醒；这药下肚，虚弱的体力迅速恢复，羸弱的身躯开始强壮，坚定的意志力从此生发。

轻柔耳语，是情人的呢喃，我们享受了太多的呢喃，我们需要的是洪钟大吕，震慑心灵。这洪钟大吕，有时候是朋友的规劝，有时候是家人的警告，有时候是师长语重心长的谈话，但都不及自己心中那一声惊醒的呼喊来得痛快彻底，大快人心。

有人会问，我们应该如何对待别人的意见呢？我们不能用别人的脑子来思考自己，却得会用别人的脑子来思考问题。

世界是同中有异的，一个有强大精神世界的人，就好比一块磁铁，总是能够吸收周围的意见，对于有益的建议，我们可以听，可以信，可以适当接受，但不能一味服从；对别人善意的提醒和建议，可以听从，可以接受，也要学会分辨。

第十章 别人轨道上的火车,永远去不了你想去的地方

每个人都是这世上独一无二的存在,没有什么意见和建议可以通用于所有人。没有人可以强迫别人完全服从自己的观点,即使他的观点是正确的,即使他的出发点是善意的,他也没有理由强迫对方按照自己的指示去做。在这个世界上,我们首先面对的永远是自己。

有自己的思维,有自己的主见,有自己的人生方向,才能活出真正属于自己的人生。就像康德所说:"人非他人的工具,而是自身的目的。"不要被他人的思维控制了自己的头脑,只有自己才是自己的救世主。

父子骑驴的故事我们都听过太多遍了,很多人也会用这个故事去告诫其他人,不要太在意别人对自己的看法,不要被其他人的建议束缚住自己的脚步,遇到问题最后还是要自己拿主意,不能完全听别人怎么说。

生活中,我们常常会遇到喜欢说教的人,喜欢用自己的意志控制别人这是一种习惯,倒不一定是出于恶意。可在复杂的社会关系中,这些语言可能会误导很多人走向事实的反面。

人与人是不同的，虽然说这个世界上还是好人多，但是我们也必须承认坏人的存在。我相信每一个所谓的"坏人"，都有他内心的善良之处，只是大千世界里林林总总的原因，让他们在不知不觉中沦落到罪恶的深渊。

不能独立思考的人，就像到处攀缘的爬山虎，虽然花开绚烂，但是风雨来时，它所倚靠的树枝被风折断后，它也将跌落万劫不复的境地。我们要在思维的世界站成树的模样，懂得用自己的思想来掌控自己的命运之舵。

有位名人说过："一个人如果同时信仰几种宗教，就等于他什么宗教都没有信；一个人如果同时爱上几个人，就等于他对哪个人的感情都没有上升到爱；一个人如果同时产生几种思维，就等于他根本没有自己的思维。"世界上的东西都有自己的"势"，接近就会受其影响，影响过深就容易失去自己。好比一块磁铁，如果自己是一根钉子，就会被吸过去，永远下不来；如果自己是一块更大的磁铁，反而会把它吸过来，为自己所用。

不靠别人的脑子思考自己的人生，不受世事的牵制，不去追求那些本不属于自己的东西。做自己，做想做的事，用自己的语言说想说的话，用自己的声音唱想唱的歌，用自己的思维想事情，有自己的想法，有自己的爱好，有自己的爱人，有自己的性格。这个世界并不需要千篇一律的黑白，而是需要五彩斑斓的色彩；这个世界并不需要墨守成规，而是需要标新立异；这个世界并不需要盲目的服从，而是需要独立的见解。不做任何人思维的傀儡，不让任何人掌握自己的头脑。

当然，所有的道理最怕遇到的情形，都是矫枉过正。做自己，并不是不考虑其他人的感受，完全任性妄为。"没有规矩，不成方圆"，人如果不守规矩，就如同高速公路上的盲人司机，会造成什么后果可想而知。

方向不对，努力白费

在古希腊德尔斐神庙的残垣上，"认识你自己"的箴言穿越千年风雨，至今仍在叩问人类：当我们在人生的迷雾中挥汗如雨时，是否曾抬头审视过前行的方向？管理学大师德鲁克说："做正确的事，远比正确地做事更重要。"方向是刻在罗盘上的北极星，是浇筑在地基里的中轴线，是决定所有努力能否抵达终点的首要坐标。当方向与目标错位，所有的汗水都可能成为南辕北辙的注脚。

生物学上的"拟态陷阱"现象，为方向错置提供了绝佳隐喻。某些昆虫进化出与花朵相似的外形，却因过度模仿而失去了基本的生存能力。柯达公司在胶卷时代的陨落正是如此：当数码技术的曙光初现时，柯达实验室早已研发出第一台数码相机,却因沉迷于胶片业务的巨额利润,将其束之高阁。高层决策者在方向判断上的认知偏差,让这家拥有多项诺贝尔奖级技术的企业,最终在数码浪潮中破产重组。就像古希腊神话中追逐影子的纳西索斯,当企业的方向聚焦于过去的辉煌,所有的创新努力都会异化为对自身的镜像迷恋。

神经科学研究表明,人类大脑存在"确认偏误"机制,会本能地强化与固有方向一致的信息。当方向被认知茧房包裹,努力会异化为对错误的自我证明,就像在迷雾中反复擦拭一盏破损的灯笼,却不愿抬头看看远处的灯光。

中国哲学中的"知行合一"智慧,本质上是方向与行动的辩证统一。

1907年,毕加索在巴黎邂逅非洲木雕,那些夸张的几何造型颠覆了他对古典写实的看法,促使他转向立体主义。这个方向的转变,不是对过去努力的否定,而是像河流在峡谷中转向,让积累的水量获得新的势能。

商业史上的"战略拐点"理论,也印证了方向校准的重要性。

1997年，乔布斯回归濒临破产的苹果公司，做出了两个关键决策：放弃克隆机业务，聚焦iMac的研发；提出"科技与艺术结合"的新方向。这个方向的调整，让苹果从计算机制造商转型为数字生活方式的定义者。对比同时期的康柏计算机，因坚持"性价比为王"的旧方向，最终被市场淘汰。

方向的价值，在于为努力赋予"复利效应"——就像亚马逊公司在1997年选择"长期主义"，将资金持续投入物流与技术，二十年后的Prime会员体系（付费会员服务），正是当初方向选择结出的硕果。

发展方向决定企业的未来生死，对个人而言，方向同样决定未来的成败。

1665年的剑桥大学笼罩在黑死病的阴云下，23岁的牛顿被迫回到林肯郡的伍尔索普庄园。这位沉默寡言的青年面前摆着两条道路：继承家族农场成为乡绅，或是继续钻研晦涩的数学符号。当他用羽毛笔在笔记本上写下运动定

第十章 别人轨道上的火车，永远去不了你想去的地方

律的雏形时，人类文明史在此刻悄然转向。

乡居的时光，牛顿展现出惊人的方向把控能力。他摒弃了当时学界热衷的炼金术与神学研究，将天赋聚焦于数学与物理的交叉领域。三棱镜实验撕开了光的本质，"流数术"演算推开了微积分的大门，苹果坠落的传说则孕育出万有引力定律。这种清醒的学术规划在《自然哲学的数学原理》手稿中达到巅峰——他用几何语言重构宇宙秩序，却刻意避免卷入笛卡尔学派与英国经验主义的论战。

方向选择带来的复利效应在牛顿晚年愈发显著。1696年出任皇家铸币厂督办时，他巧妙地将数理天赋转化为金融改革利器，设计出防伪币边齿纹，使英国货币信用度跃升欧洲之首。这些看似跨界的选择，实则是其青年时期确立的"用理性丈量世界"方向的自然延伸。

与同时代的天才形成鲜明对照。罗伯特·胡克虽早牛顿7年发现弹性定律，却在派系斗争中耗尽才思；莱布尼茨虽独立发明微积分，却因符号系统之争错失学术话语权。而牛顿始终保持着一如既往的专注，这种永不止息的方向

感，使其完成了从乡间少年到科学巨人的蜕变。

天赋仅是璞玉，唯有精准的方向选择与持续的人生规划，才能将其雕琢为珍品。在社会分工日益细致的今天，牛顿的启示愈显珍贵——决定人生高度的，从不是起点时的禀赋差异，而是矢志不渝的方向感与步步为营的规划力。

以平静的心，对待你认为的不公

生命是一叶扁舟，在现实的河流中穿梭前行，纵然眼下风平浪静，我们依然要时刻警惕惊涛骇浪的来临。人世间的千变万化，喜怒悲欢，犹如不同的色调构成了我们绚丽的人生。有时候，挫折就像生活中的调味剂，虽然很少，却是生命旅程中不可或缺的。因此，当生命之舟被波浪打翻，面对灰蒙蒙的前程时，有的人就开始无力承担，甚至跌落黑暗的深渊。

面对生活给予的责难，有些人呼天抢地，怨天尤人。他们痛苦地抱怨着，结果越抱怨越痛苦，越痛苦越抱怨，将命运的喉咙勒得越来越紧，直至精疲力尽，才带着残留在脸上的眼泪蹒跚到一处，舔舐伤口。其实，这种人并非无可救药，至少他们还懂得为自己的过错自责、悔恨，至少他们还能客观地认清眼前的形势。只要经过安慰、启发、引导，他们还是可以重新扬帆起航。

真正无可救药的，是那些在错误的路上固执己见的人。即使受了伤，也看不到自己的错误，明明是自己在和全世界为敌，却偏偏说全世界都和自己作对。有些坚持之所以痛苦，是因为从一开始就是错的。

真正的人生赢家懂得如何理智地面对挫折，纵然心中已经波澜万丈，脸上依然是波澜不惊的神情。他们可以用理性的秤砣压稳自己的内心，使沸腾的血液不至于冲昏头脑，然后思量过去，放眼未来。

这种人会在人生的低谷把自己放到一个无形的高台上，远山美景如画，江山如此多娇，前途上的种种美好会给他带来激励和信心，然后收拾行囊，找一个破浪的方法，将人生的苇舟装上一橹，继续前行。

在世上生存，是每个人的权利，但是一个不容否认的事实是，所有的权利都不是用来享乐的。就像上面提到的最后一类人，把长河中的行程作为一项任务的同时，也把它当成了一项权利，把坚持当成一种"当仁不让"的职责，努力生存，这样的人生才有风骨，才能取得成功。

面对挫折，我们要做的，不是抱怨，不是咒骂，更不是坐以待毙，而是用一份霸气的心态去挑战惊涛骇浪，用一份豁达的胸怀去化解横亘眼前的厄运。

任凭外面的世界风狂雨大，我们要保持一份内心的宁静。静，不单是捧着一杯香茗，坐在悠然见南山的黄昏中，听着轻松愉快的音乐，去品味祖国的大好河山。静，更是一种躁动中的平稳，危险中的淡定，宠辱中的豁达，喧闹中的不动声色。唯有不动声色，才不会受制于生活的声色。

佛偈有云："一切有为法，如梦幻泡影，如露亦如电，应作如是观。"梦幻泡影，是寂静的东西，露珠和闪电，是稍纵即逝的东西，如果没有一颗宁静的心，不去留意生活的细节，那心灵的窗口会被自己堵死，这些东西也不会看见。这句话与修身的关系，就在于最后的一句"应作如是观"。

一切有为法，万物有法则，应该如何对待？——静心对待。

只有静心，才能通晓万物的法则。通俗说来，除掉生活的浮躁，水落石出，真相大白，我们才不会被无所谓的东西蒙蔽。

人生而纯洁无瑕，一无所知，随着时间的步伐而加入世界的潮流，有很多人把静理解为人的原始纯洁状态，这恰好说明其不谙世事。

在医学上，医生会将患有重病的人隔离，置于无菌的医疗室中，以此来保证病人的病情不再恶化。虽然病情控制住了，但病人的免疫力也会变得非常低，一旦回到正常的环境里，一个小小的病菌也会轻而易举地将其攻陷。生活中，我们唯有经过千锤百炼，才能铸就自己坚强的内心。真正的静不是固守在桃花源的一隅，而是历经了大千世界的种种纷繁，在生命沉淀之后，凝结出来的灵魂精粹。

这一点我国古代伟大的哲学家老子早就论证过了，他把这个过程称为"复"，也就是回归。

春秋战国时期，诸侯并起，战火在华夏大地上蔓延。烽火连天的岁月里，不知多少将士远离家乡，从此再没有回去。家中的妻儿老小，却还在殷切地期盼他们的归来。无情的战火，毁灭了无数个鲜活的生命，也毁灭了无数美满幸福的家庭。这份痛楚，深深地烙在了老子心上。所以，他提出了这种静的回归，希望人们能从纷纷扰扰的争斗中觉醒过来，回归到生命最初的静。

　　而到了今天，市场经济的大潮将我们置于喧嚣的世界中，使得我们不知道静，或者不明白如何回归到静。

　　与老子"静"的哲学观点匹配的，是其"朴"的哲学。他曾经说过"万物将自化。化而欲作，吾将镇之以无名之朴"，朴素真诚，不矫揉造作，不弄虚作假，是达到"静"的一条捷径。有人说，哲学是天上的日月星辰，指引着我们，此言不谬。越是混乱的时代，越要有信仰。

　　静是一条河流，朴是河边上的树木花草。河流的恒久不息，需要树木花草来保持岸上的土壤，而树木花草的生长繁茂，也离不开河流的滋润。

人的资质不同，遇见的事物不同，心性因而各异，从某种程度上说更需要注意静的作用。

一个善于利用静的人，是不会在躁动的世界中迷失自我的，学者周国平曾经写过一篇文章《记住回家的路》，文章用陌生城市的街道作为象征，比喻现实生活中我们不可预测的事情。

他说，在陌生的街道上走，必须时刻记住自己的住所，这样不至于迷失，生活随时会给我们设定新的障碍。在这种情况下，呼天抢地，就等于自绝后路。"去做"是一种高深的学问，是一种积极的处世观念，是一种能激发人的创造力的行为，但"去做"必定要越过障碍，哪怕跌得再惨，也需明白，我心仍在。

把静作为人生深度的标志，是立世的必须，但只有深度是不够的，成功的人生，必须有适当的广度。人生的广度，从简单的层次来看，是通晓多种技能，达到随心所欲的熟练程度，从深度的层次来看，则是将生活中的方方面面"打通"。因此，有深度无广度的人生，虽然可敬，但未必可爱。

孔子一生游走列国，致力于实现自己的政治抱负，所谓"知其不可而为之"也。他擅长射箭，懂音乐，通晓诗，还懂得修炼自己的人格，这都是不同的技能。

所以，当他的政治抱负没有实现之后，他仍然可以从容地实现自己的文化抱负。事实上，这种学者风范也在某种程度上佐助了他的政治抱负。也唯其如此，这些政治抱负之外的东西，才更加醇厚、精湛。

其实，人生的广度与深度的结合，不是倒立的锥形，是立起来的圆柱形，上下通达，一以贯之。千磨万击还坚劲，任尔东西南北风，只要坚守内心不变的信念，我们总能找到自己的价值。

第十一章

越努力越幸运，
时间可以幻化为天分

不必羡慕别人的幸福，你没有的，
可能正在来的路上

  人们常常羡慕别人的生活，羡慕别人比自己有钱，羡慕别人家的房子比自己的豪华，羡慕别人家有背景，羡慕别人有一个漂亮的老婆，羡慕别人有一个有钱的老公，羡慕别人家的孩子学习成绩好……

  所以大家经常开玩笑说：世界上最好的老婆，是别人的老婆；最好的老公，是别人的老公；最好的孩子，是别人家的孩子……

  其实，我们没有必要羡慕别人。也许你没有的，正在来的路上，更也许，你以为自己没有的，其实早就属于你了，只是你把目光放在对别人的羡慕上，根本没有发现。

我看过这样一个故事：

一名叫萨伊特的埃及政府高官，34岁就已经做了副市长。就在他前程一片光明的时候，他主管的城市却发生了一场突如其来的大火灾，萨伊特也因此被免职，回到了农村老家，过起了平凡百姓的日子，在自己的菜园里种菜、施肥，虽然清苦，倒也清静。

人们纷纷对萨伊特惋惜不已。萨伊特自己却毫不在意，他没有羡慕那些飞黄腾达的朋友，也没有抱怨从天而降的灾祸，对昔日的荣耀，也不去回想。

闲暇时，萨伊特就走街串巷地到处搜罗各种陶器，很快，他竟然收集到了几十件世界级的珍稀藏品，每件都价值连城，前来买卖的人络绎不绝。

虽然断了仕途，但是萨伊特并没有因此而灰心，只是自得其乐地开辟了另一条出路。当别人问他如何取得如此大的成功时，萨伊特从容答道："因为我过得十分简单，从不盲从地去羡慕别人，清静的生活让我可以一心一意地鉴别陶器。"

这是一个真实的故事，正是因为萨伊特在遇到挫折的时候没有一味地去羡慕别人，所以才取得了令人羡慕的成就。如果他在丢掉官职的时候怨天尤人，羡慕曾经同事们的官场生活，羡慕那些仕途一帆风顺的朋友，那么也就没有后来的辉煌成就了。

适当的羡慕对一个人来说是一种鼓舞与激励，但是过度的羡慕会成为一块无形的绊脚石。生活中让我们感到惶惑与不安的，有时候不是自己，而是别人。当你太过羡慕一个人的时候，就会在潜移默化中将那个人的生活模式照搬照抄下来，虽然自己也在刻苦地努力，但并不感到真正的快乐，反而会很疲惫。

人生如人饮水，冷暖自知。我们没有必要去羡慕别人的生活，当你在羡慕别人的时候，对方也许还在拼命地羡慕你。任何事物都有着双面性，当你羡慕的时候，只是看到了好的一面，却没有看到坏的一面。

小学时候，我们总是羡慕中学生可以住校。中学时候，我们又羡慕大学生可以自由自在地学习，甚至恋爱。终于到了大学，我们又羡慕走入社会的人可以做自己喜欢的工作，可以赚钱买自己喜欢的东西。直到有一天，自己也踏入了社会开始工作，我们又拼命羡慕那些小学生可以无忧无虑地玩耍。

生活如同一座苍翠青山，当你置身于这座山中时，总是抱怨自己脚下为什么有那么多乱石，然后羡慕远处的那座山峰苍翠缥缈，风景如画。直到你真的到达了那座山，才发现你曾经无比羡慕的那座山上，杂乱的石头比你以前所在的那座山还要多，还要艰难。

很多时候我们就是这样彼此羡慕着，却忽略了自己也是别人羡慕的对象。每一种生活就像一株玫瑰花，有最漂亮的花朵，也有不起眼的绿叶，还有无可避免的利刺。还有一部分根须深埋在土壤里，那一部分，只有玫瑰花自己知道，别人是看不见的。然而，我们常常只看到了别人的玫瑰花，不去看其他的部分。自己呢，却总是只感受到泥土中的根须，感受到锋利的芒刺和平凡的绿叶，却忽略了自己也有一朵娇艳欲滴的鲜花。

第十一章　越努力越幸运，时间可以幻化为天分

当你越是羡慕别人的时候，越容易忽略自己，我们没有必要用别人的某一个方面来折磨自己，只要过好自己的生活，足矣。

在印度流传着一个关于农夫阿利·哈费特的故事：

有一天，一位老者去拜访农夫阿利·哈费特。他告诉阿利·哈费特，如果你能得到一颗拇指大的钻石，就能买下这附近的全部土地，如果能得到钻石矿，甚至可以让儿子坐上王位。

这个消息让阿利·哈费特振奋极了，他跑去请教那位老者在哪里可以找到钻石。老者劝他打消找钻石的念头，但是阿利·哈费特非常执着，他满脑子都是那价值连城的钻石，任何劝告都听不进去。最后，无可奈何的老者只好告诉他，在一座很高很高的山里，寻找一条淌着白沙的河，钻石就埋在河里。

阿利·哈费特兴奋极了，他卖掉了自己所有的地产，让家人寄宿在街坊家中，然后只身出门去寻找钻石。

走了好久、好远，阿利·哈费特始终没有找到那传说

中的宝藏。他非常失望，乃至绝望，最后，在西班牙的大海边，他跳进了波涛汹涌的大海，结束了自己的生命。

不过，故事到这里还没有结束。那位买下了阿利·哈费特房子的人，有一天把骆驼牵进了后院，让骆驼在后院的小河旁喝水。不经意间，他发现河沙中有一块闪闪发光的石头。他很好奇，便将那块石头带回家，放在了炉架上。

也许此刻你已经猜到了，那块闪光的石头其实就是钻石。

生活中，很多人都犯了和阿利·哈费特一样的错误，明明钻石就在自己家里，但是偏偏要离开家，不辞千里万里去寻找钻石。我们没有必要去羡慕别人，你所渴望的东西，有时候就在你的身边，只是你没有发现而已。

太过遥远的东西，往往只是生活中的海市蜃楼，而你脚下的土地，往往是一片宝藏。我们要学会发掘自己，不能光顾着临渊羡鱼。

我们常常为一块微瑕的美玉而抱怨，羡慕别人的白璧无瑕，却忽略了自己手中的玉石，即便有那么一点点瑕疵，但是它依然是一块美玉。为什么要被那一点点的瑕疵而遮蔽了双眸呢？因为一叶障目，却不见泰山，这是多么不划算啊！

小孩子总是羡慕成年人可以赚钱，殊不知成年人正在羡慕小孩子的天真无忧；年轻人总是羡慕老年人阅历丰富、悠闲自得，殊不知老年人正在羡慕年轻人朝气蓬勃的青春；未婚人总是羡慕已婚人可以毫无顾忌地与自己心爱的人在一起，有一个温暖甜蜜的小窝，殊不知已婚人正在羡慕未婚人自由自在，不必有太多顾忌……

我们总是羡慕别人太多，关注自己太少。其实，自己不是不够美好，只是缺少发现美好的思维。很多你渴望的东西，在你蓦然回首时，就会惊喜地发现，它早就出现在了你的世界。

时光磨去狂妄，磨出温润

时间的白马踏过红尘滚滚，如梦烟尘随风飘散。岁月奔流而过，在我心中留下了一片片深深浅浅的水印，曾经锋芒毕露的棱角，也渐渐圆滑。

人生就像涤荡在溪水中的石头，时间愈久，就愈温润淡然。

淡泊是一种情怀，更是一种境界。岁月磨砺了我的人生，我也可以用一颗淡泊的心温柔岁月。我相信温柔的女子是最坚强的，任凭沧海桑田，只要拥有一颗淡泊的心，我们依然可以波澜不惊。

北宋的著名词人苏轼与佛印是好朋友，两个人常常切磋文墨，不分彼此。苏轼非常推崇"淡定"的修为，也常常会写一些相关的诗词。有一次，苏轼忽然灵机一动，悟出了一句"八风吹不动"。他对这一句非常满意，于是赶紧写下来，派遣书童把字送到了江对岸的佛印那里。

佛印看过之后，竟随手在下面写了个"屁"字。

好不容易悟出这句诗的苏轼再也无法淡定了，干脆亲自渡江，找佛印评理。佛印看到暴跳如雷的苏轼，只是淡然一笑，然后又在那个"屁"字旁边添了几个字，变成了"一屁过江来"。

佛印的淡然，与苏轼的愤怒形成了鲜明的对比。

没关系，只要你拥有一颗淡泊的心，从容地面对一切生活的责难，你总会顺利度过的。有些矛盾，如果你刻意地在乎它，它就会一直在那里，而且会像滚雪球一样越滚越大，直到最后，你的心里已经无法承受这种剧烈的矛盾，整个人便会因之崩溃。你之所以感到困惑、痛苦，有时候不是因为你面对的问题太多，而是因为你想的问题太多。

我常常听见别人议论："那谁谁谁怎么那么讨厌啊？""那谁谁谁怎么长得那么丑啊？""那谁谁谁怎么那么抠门啊？"……

别人的生活终归是别人的，如果他没有来招惹你，你为什么非要介入其中呢？顺其自然，淡然生活，岂不是很好？

当你的内心真正平静的时候，就不会为那些柴米油盐的琐事而烦恼。真正的生活，本来就应该是酸甜苦辣俱全的，如果只有享受而没有劳碌，那么生活也就没有什么意义了。人生之所以快乐，就是因为你可以不断地追求自己喜欢的东西。那些东西不会是轻而易举就能得到的，所以有一天，当你终于梦想成真时，你会格外快乐。

做一个内心淡泊的人，如同向日葵一样，微笑着迎接每一天的阳光。雨雪也好，风霜也罢，我们总要勇敢面对。不要因为一点点小事就暴跳如雷，也不要在冲动的情绪下做任何决定。保持一颗淡泊的心，会让你的人生更成功、更精彩。

美国总统富兰克林·罗斯福家里曾经遭遇盗贼，很多财物失窃。朋友们写信安慰他，告诉他不要伤心，不要着急。罗斯福却无比淡定地回复了这样一封信：亲爱的朋友，我很好，心情平静，而且心怀感激。这是因为：第一，贼只是偷走了东西,没有伤害我的生命;第二,偷走的不是全部家产,还留下许多东西;第三,这是最重要的,偷东西的是别人,而不是我。

越是成功的人,越是能淡然面对各种突发情况。生活中,很多人总是只看到黑暗的一点,却忽略了自己拥有的光明才是最多的。就如同在一张白色的宣纸上点上一滴墨渍,人们的关注点往往都在那一滴墨渍上,却忽略了还有一张白纸。

有多少人,能够像罗斯福一样在面对问题时波澜不惊?

心中常怀感激之情,一生快乐无穷。罗斯福感恩于生活,正是他内心淡泊的表现。钱财乃身外之物,然而遗憾的是,很多人都把它看得太重,为了金钱,不惜伤害朋友,甚至亲人。有人高呼"金钱是万能的""有钱就有一切",其实,世界上有很多东西,是金钱买不来的。

对待波折也好,对待金钱也罢,我们总要保持一颗平常心,淡然就好。我们没有必要拼命地逃避磨难,也没有必要刻意地给自己制造困难,没有必要拼命攒钱,也没有必要拼命花钱。保持一颗淡然的心，就是给自己最好的慰藉。

"静坐常思己过，闲谈莫论人非。"我们要学会温暖地生活，温暖地爱这个世界，也温暖地爱自己。当你微笑着面对生活中的一切责难时，生活也会还给你一个微笑，从此浪静风平，相安无事。

不要武断地给一个人或一件事下定义，即便你心中已经有结论，也不要急着说出来。保持内心的沉稳，经过反反复复地观察后，再听别人娓娓道来。无论何时何地，要学着做一个聪明的人，不要冒冒失失地说出自己的想法，有时候笑到最后的，未必是最优秀的，而是最沉得住气的。

只有经历过地狱般的折磨，才能拥有征服天堂的力量。当你面对生活的责难时，不要自怨自艾、怨天尤人。磨难面前，请保持你的风度，从容一些，快乐一些，痛苦也就会随之消失不见。

我们已经不是小孩子，不能再因为摔一跤就不管不顾地号啕大哭了。要懂得坚强的道理，也要明白淡泊的心志。

对生活，对梦想，我们要记得自己最初的诺言，无论风雨，勇敢前行。我们可以走得很慢，但是绝不能后退。

人总是在反省中不断进步的。要记得经常检查一下自己的心是否依然澄净，是否依然透明，是否依然跳动着最初的梦想。

一个人的淡定心志与笑容总是成正比的。你计较得越少，烦恼也就越少，快乐就会越多。保持内心的淡泊，会让你更容易看到希望，更容易走向成功。

做欲望的主人，而不是欲望的奴隶

你之所以不快乐，是因为心中的欲望始终不曾满足。欲望如同一个无底洞，会让人深陷其中，不能自拔。

世事无绝对，并不是说我们不能有欲望，也不是说没有了欲望就一定会过得很好。只是我们的欲望要与自己的生活相符合，如果你每个月有 3000 元的工资，就不要有每个月花 5000 元的欲望。当欲望与自己的实际生活不相符合时，你就会感到痛苦、难过，甚至绝望。

这个世界上最快乐的未必是最有钱的人，但一定是最清心寡欲的人。因为没有不切实际的欲望，他们过得简单而快乐，生活充实。他们身上总是会散发出一种正能量，让身边的人也感受到快乐与幸福。

人生中的贪欲如同喝海水，会让你越喝越渴，越渴越喝。贪欲总是无穷无尽的，如同滚雪球一样，会越滚越大。到最后，当你无法控制这个贪欲的雪球时，你自己就会成为雪球的猎物，它会碾压过你的身体，甚至人生。雪球越大，你遭受的苦难也会越剧烈。

世界上最珍贵的，不是已经失去的，也不是永远无法得到的，而是此时此刻你所拥有的。我们应该做欲望的主人，比如对梦想的欲望，可以让我们更加勇敢地前行，任何艰难险阻，都不会难倒我们。

然而遗憾的是，很多人却做了欲望的奴隶。他们任凭欲望无穷地扩大、生长，到最后连自己也无法掌控欲望，只能跟随着欲望的脚步身不由己地前行。

知足者常乐。当你的杯子里只有半杯水的时候，你是沮丧地说："天啊，我只剩下半杯水了！"还是乐观地说："怕什么，我还有半杯水呢！"

满足感常常是幸福感的直接来源。当你对生活越是感到满足的时候，你就会越感到幸福。小时候，我们会因为得到了一块糖而满足，一下子幸福得不得了。长大后，我们就算得到了一百块糖，还是不能感到满足，因为我们的欲望变多了、变大了。简简单单的得到，已经无法填满欲望的沟壑。

当你暗恋一个人的时候，他的一个眼神、一句简单的话，就能让你感到非常满足、非常幸福。然而，当你们真的成了恋人，或者已经结婚的时候，你不再会满足于一个眼神、一句话，甚至他送你礼物，你也会挑三拣四。

从什么时候起，我们的欲望悄然膨胀，榨干了那些本该简单的快乐？

快乐的人之所以快乐，不是因为他得到的多，而是因为计较的少。欲望与快乐总是成反比的，其实人生苦短，何必总是患得患失地计较那么多呢？我想，快乐要比欲望重要得多吧，只有保持良好的心态，才能更有力量迎接生活的种种挑战。

欲望是人类的本能，控制欲望则是一种境界。

要记得，我们是欲望的主人，而不是欲望的奴隶。想要把握好自己的人生，就要好好地掌控自己的欲望。认真生活，不要计较得太多，当你从容一些，这个世界也会温柔起来。

在公司里，我也曾遇到过"猎头"的事情。不得不说，那些高薪的职位的确充满了诱惑，但是我总能微笑着婉拒。我想，只要工作着、努力着、快乐着，就是一种幸福。当你与身边的人形成了一片密切的关系网时，当你在一个地方待得久了时，你就会发现，你是那样深刻地爱着他们，而他们也是那样热情地爱着你。我满足于自己的生活，也感恩于这个世界。只要生活里洒满明媚的阳光，心里便是自在晴天。

心中少一些欲望，阳光才会照射进来。行为里多一些涵养，好运气才会光顾你的人生。

第十二章

做喜欢的事，
成为最好的自己

把自己开成花，你就走进了春天

时间会将一切都沉淀下来，很多你以为这辈子都过不去的事情，最后在时光的面前，都成了过往云烟。

曾经我们在山重水复的岁月里辗转奔波，以为永远都不会找到出路。但是坚持走着、走着，渐渐地就柳暗花明了。

生活中没有什么东西会成为我们一辈子的牵绊，随着时光的流逝，一切都会慢慢平淡下来，再痛的伤口，也有结痂的一天，也有平复的一天。纵然留下疤痕，触摸那道疤痕时，也不会再感到曾经那样的疼痛。

时间会让一切伤口愈合。当你对一段感情实在束手无策时，那就试着尘封吧，只要你勇敢地向前走着，不在原地逗留，就一定会离痛苦越来越远。有一天，当你忽然想起时，便会发现，那个曾让你痛不欲生的人，已经从你的世界里彻底消失了。残留的那部分记忆，总是美好的。

人世间的一切，都在不停地变化着。唯一不变的，只有变。月缺月圆，人生离合，这些总是无可避免的。当你拥有的时候，就好好珍惜，这样就算以后失去，也可以无怨无悔了。你所厌倦的现在，是你将来永远也回不去的过去。

生活就像拍电影，每个人都想做主角。但是一部电影里，如果所有人都是主角，那么整部电影也将是失败的。无论你是主角还是配角，哪怕仅仅是一个跑龙套的，也要认认真真地生活。因为无论你在这部电影中是什么角色，在你的生命里，你永远是唯一的主角。

过好自己的生活，坚持着，勇敢着，说不定哪一天，你就可以从配角变成主角。没有人生来就是做主角的，每一个成功者，都付出了自己的努力。

我想起好莱坞著名演员塞缪尔·杰克逊。今天的他被

第十二章 做喜欢的事，成为最好的自己

人们誉为"有史以来最卖座电影演员之一"，他的电影如《侏罗纪公园》《低俗小说》《星球大战前传2：克隆人的进攻》《钢铁侠》《复仇者联盟》等，在人们心中留下了深刻的印象。然而，在塞缪尔四十多年的演艺生涯中，他所饰演的角色大多都是配角。

每一个演员都希望自己能出演一次主角，然后一炮走红。但是这种概率并不高，很多人都怀揣着这个梦想，只是成功的仅有那么几个。

1972年，塞缪尔怀着明星梦来到了纽约。但是之前他学的是建筑专业，后来才转到戏剧系。最重要的是，他的形象并没有什么特别的地方，黝黑的肌肤虽然看起来很健康，但是却不够英俊。更要命的是，他还结巴。于是理所当然地，他去了很多家电影公司，结果都被拒绝了。

这个时候的塞缪尔几乎要心灰意冷了，但是父亲的一个电话改变了他的一生。父亲告诉他，一株玫瑰没有几朵红花，但绿叶却有无数，你为什么不放弃红花，而选择绿叶呢？花有花的美丽，叶有叶的灿烂，谁又能说绿叶不如

红花呢？

这一番话醍醐灌顶，让塞缪尔看到了希望的曙光。之前，他一直希望自己能演主角，以为只有演主角才能成功，却忽略了，配角同样有配角的精彩。从那以后，他开始尝试着去做一个配角，并总是把配角当成主角来演。即便只有很少的戏份，他还是会付出最大的努力。

就这样一路坚持着，塞缪尔终于迎来了属于自己的春天。他得到了大家的认可，甚至人们都觉得，如果没有他这个配角，整部戏就没有什么意思了。因为配角的存在，更加彰显了电影的精彩。

1981年，塞缪尔出演了《丛林热》，饰演一个流浪汉，并一举拿下了戛纳影展最佳男配角奖。之后，他出演的《低俗小说》为他赢得了奥斯卡金像奖与金球奖最佳男配角提名……

各种荣誉纷至沓来，人们几乎忘了，塞缪尔在影片中只是一个配角。但是在自己的演艺生涯中，塞缪尔从来都是人生的主角。因为一份坚持与努力，他得到了世人的认可。并最终在 2000 年的《杀戮战警》里真正意义上的第一次出演了主角。

平凡中的坚持，总是有着滴水穿石的力量。因为那一份不朽的执着，命运的轨迹总是铺满璀璨的希望。

人生路上，不要为你的路旁没有鲜花而苦恼，当你走进生命里的春天，便会看到似锦繁花。

把自己开成花，你就走进了春天。只要你够勇敢，坚持走下去，就一定会穿越寒冬，走进春暖花开的世界。无须计较，无须抱怨，时间会带走一切伤痛，过去的就让它成为永远的历史，历史不会重来，何必为过去而忧心忡忡。

不要在该奋斗的年纪选择了安逸

在这个喧嚣的世界里，人们常常被功名利禄蒙蔽双眼，又常常因为艰难险阻举步不前。其实，如果你愿意静下心来，轻轻地闭上眼睛，用心去看，你会看到一个安静而美好的世界。

现实的风浪再大，请保持内心的宁静。要做一个勇敢的人，拿得起，也放得下，无论幸福还是苦难，我们都能坦然接受。人心如同一面湖，当你越是内心凌乱的时候，湖水就越是被搅动得天翻地覆，本来沉淀在湖底的泥沙，就会随着水流滚滚而出，将原本清澈的湖水搅得面目全非。但是，如果你愿意保持内心的宁静，那面心湖就会波光粼粼，清澈透明。

生活中难免会有一些痛苦，但是痛苦虽是生活施加给你的，接不接受是另一回事。就像别人送给你一个臭鸡蛋，你可以伸出双手接过来，也可以选择拒绝。

保持内心的清静，"不以物喜，不以己悲"。任凭人世间花开花落，任凭红尘里云卷云舒，我们从容面对，微笑着向前。

当你不去奢望一件事的时候，就算没有得到，也不会失望，更不会伤心难过。

当你想得越多时，内心就会越拥挤。阳光雨露，也无法眷顾。当你想得越少时，内心便会越开阔、越豁达。蝴蝶彩虹，便会贯穿你的心胸，在甜蜜的花香里奏出命运的天籁。

我们总是会比自己想象的坚强。在问题面前，不要以为自己无法面对，也不要以为自己解决不了。只要你坚持着走下去，总会看到一片艳阳天。有那么一些让我们感到纠结痛苦的事情，真的不算什么大事，只要你想一想，三年之后，这件事对你是否还有影响，答案就不言自明了。

要记得给自己的心灵放个假，笑一笑，没什么大不了。身体需要休息，心灵也同样需要休息。找个时间，关上手机，抛开所有烦恼，来一场说走就走的旅行，放飞心情，也算是对自己的一个奖励。

不要在自己的生命里画地为牢，要记得，你的生命很宽广，就像我们每天都看到的天气预报，这里是阴雨绵绵，那里则是晴空万里。不要因为被雨淋湿了一次翅膀，从此就否定了整片蓝天，拒绝飞翔。生活中美好的事物很多，何必只把目光放在你得不到的那一个上，换一种思维，换一个角度，你会得到意想不到的收获，也会活出不一样的快乐人生。

生活中的林林总总，在我们的心上留下了永远无法忘记的痕迹。总会有那么一些痛，深深地烙印在了骨子里，然后在骨子里开出花来，将那最痛的经历幻化成绝美的追忆。

受过伤的人对生活会更有感激之情，受过伤的心对人生会更有坚强意志。如果有些伤害在所难免，那就勇敢面对。笑声大一点，才能震慑痛苦，让生命洒满灿烂的阳光。

有一段被很多人疯狂转载的话：当你不去旅行，不去冒险，不去拼一份奖学金，不去经历没试过的生活，整天挂着QQ，刷着微博，逛着淘宝，玩着网游，做着我80岁都能做的事，你要青春干吗？

我相信这段话说出了很多人的心声，也相信很多人在看到这句话的一瞬间恨不得马上去旅行、去冒险，去过自己从没有尝试过的生活。但这也仅仅是一瞬间的念头而已。等到热血渐渐降温，生活就又回到了常态。

只有经历过痛苦的历练，才能向着心中的方向一路前行，直抵成功的彼岸。玄奘取经，历尽了千辛万苦，才终于到达天竺。生活中，我们第一个要战胜的，是自己的懦弱、懒惰、好逸恶劳的享受心态，其次要战胜的才是生活中的挑战。一个人，如果从不曾战胜自己，那就不必谈战胜别人，更不要谈战胜磨难了。

世界的每个角落都有人在奋斗

时间如同呼啸的火车，载着茫然岁月，在阡陌红尘中穿梭而过。而青春是一张单程的车票，我们只有一路向前，过去的岁月，只能被记忆覆盖。

小时候，当我们被一个小伙伴伤害的时候，总会号啕大哭，然后赌气发誓"我再也不和你玩了！""这辈子都不和你说话了！"……只是那些"誓言"只有几个小时的效果，很快就会被抛到九霄云外。

长大后，当我们被一个人伤害的时候，嘴巴上虽然什么也不说，甚至脸上还故作镇定，勉强装出一副笑容，但在以后的岁月里，就再也不会与这个人有任何交集。

成长是一条漫长而艰辛的路。青春是一个重要的转折阶段，让我们从天真无邪的少年时代跨入成年人的旅程。

青春是一道明媚的忧伤。风雨阳光都在青葱岁月中大张旗鼓地蔓延开来。不过没关系，只有受过青春的伤，生命的翅膀才会更加坚毅，这一生的岁月才会更加璀璨生辉。

小时候，祖母家的院子里有一棵海棠果树。每当海棠果成熟的时候，祖母便把那一颗颗红灿灿的果子摘下来洗干净，分给我们这些小馋猫们吃。

忘记了是从什么时候起，我发现果皮上有伤痕的海棠果格外香甜。虽然不知道是什么原因，但是每一次都屡试不爽，所以我常常专门挑果皮上有伤痕的海棠果来吃。

我常常会想起曾经的高三岁月。那一年，是我的青春岁月中过得最充实的一年。每天早上5:30准时起床，一天一共11节课，到了晚自习结束时已经是晚上8点，然后回宿舍写作业、做练习，12点准时睡觉。学校宿舍每天都是晚上11点熄灯，为了防止我们蹭电，宿舍里没有给我们设计任何电源插口。所以，要想在熄灯以后学习，要么去走廊或卫生间，要么自备小手电……

我常常想，如果没有高三那一年剥掉一层皮般的历练，我们会怎样？那种巨大的学习压力，让我们苦不堪言，却也让我们得以破茧成蝶。

每个学生都像一条鱼，在江河中欢腾跳跃，游向大海。而高考是一道龙门，鱼儿们争先恐后地跳跃而上，只为跃过龙门，从此化身为龙。不过，也有很多鱼儿并没有选择这一条路，而是另辟出路，不停地修炼自己，虽然没有跃过龙门，却也修炼成了一条金光闪耀的龙。只是这条路更加辛苦，更加艰险。

2020年春，某理工学院服装设计专业毕业生林万华蹲在老家的菜市场里，案板上的鸭肉在阳光下泛着油光。父母经营的活禽摊位生意冷清，还未找到工作的她接过菜刀，想帮父母减轻负担。

这个曾在大学拿过奖学金的女孩，此刻穿着胶鞋、扎着马尾，在露天菜场一蹲就是六小时。她用手机拍摄剁鸭宰鸡的视频，镜头里混杂着吆喝和案板的"咚咚"声。当第一条短视频在抖音发布时，她没料到会有百万播放量。

有网友调侃："这刀工能拍《舌尖上的中国》了！"她却在评论区认真回复："每只鸭子都要过水去毛，保证新鲜。"

真正的突破发生在 2021 年枇杷季。林万华发现果农的枇杷滞销，便在摊位旁支起手机直播："这是本地五星枇杷，果肉厚得像果冻！"

她边剥果皮边讲解种植故事，镜头扫过身后堆积如山的果筐。这场直播卖出了几千斤枇杷，果农连夜补货的三轮车声，成了她创业路上最动听的旋律。

转型电商的过程充满荆棘。为了控制成本，她亲自开车跑遍全县果园进行选品，在零下 3 摄氏度的冷库里分拣货物，手指被冻得失去知觉。在注册自己的电子商务公司时，因为启动资金不足，税务部门还主动上门辅导政策，帮她申请创业补贴。当第一笔 50 万元订单到账时，她躲在仓库里哭了："原来知识真的能改变命运。"

如今，她的直播间日均销售额超万元，带动大学生返乡就业，为村民提供临时岗位。她设计的农产品礼盒，将当地海鲜、卤味、茶叶组合成文化符号，年销量高达二十几万份。

这个从菜市场走出的年轻创业者,用自己的成功证明:真正的创业从来不是惊天动地的冒险,而是把平凡的坚持熬成成功的甘蜜。

走过青涩的成长岁月,才慢慢读懂了人生。成长这条路,每一步都是摸爬滚打,我们唯有勇敢地信步前行,循着心灵的方向,踏过如烟岁月,才能参悟人生的真谛。

时光的列车呼啸而过,一转眼,多少年。我曾见过老态龙钟的少年,也曾见过意气风发的老翁,他们在各自的轨迹里演绎着不同的生存或生活,抑或梦想。当我们还拥有青春的时候,请收起自以为是的悲伤,向着风雨的方向,向着阳光的方向,拼命地向上生长、生长。

你说世界那么大,总想去看看,却不见你打点行装,不见你背起行囊;你说公务员那么吃香,总想去考考,却不见你报班上课,不见你学习复习;你说你想买车买房,却依然大吃大喝从不攒钱,对汽车楼盘行情也毫不关心;你说你最大的梦想是做自己的老板,开一家服装店,却又舍不得一个月 3000 块工资的工作，一边抱怨着又一边安于现状……

若要前行，请离开现在停留的地方。与其诅咒黑暗，不如自己发光，愿你能冲破现实的迷障，给梦想一个温暖的承诺。